建設工事に学ぶ「リーダー」のコミュニケーション術

その一言で現場が目覚める

降籏達生 著
日経コンストラクション 編

はじめに

　結果を出し続ける組織は、先見性のある戦略を出して具体的な戦術に落とし込み、それら戦略・戦術を現場レベルで実践している。その実践には、現場で働く人たちが当事者意識を持ち、自分で考え、意見をぶつけ合い、汗をかき、努力を続けることが欠かせない。
　しかし、このような現場を作ることは実際には難しい。現場の人たちに当事者意識が低く、自ら考えることをせず、他の人との摩擦を避けて徹底した議論をしないことが多いからだ。

　「強い現場」に共通する特徴とは、現場内でコミュニケーションが活発なことだ。戦略・戦術が明快に伝わり、それに対してお互いが唾を飛ばして議論し、納得したうえで実践されている。そこで大切なのは、リーダーが節目節目に発する「一言」なのである。

　本書は、主に建設工事の現場リーダーに求められるそうした「一言」、すなわちコミュニケーション術をまとめたものだ。現場リーダーは日ごろ、部下など組織内部の人から発注者や設計者、近隣住民といった外部の人まで、コミュニケーションの対象とする範囲が大変広い。円滑にこなせないと、事故やクレームなどトラブルの発生や、採算性の悪化といったマイナスの結果を招く。
　建設工事の現場は、コミュニケーションの良しあしによる明暗が顕著に表れる場の代表例だ。その現場リーダー向けに本書で紹介した考え方や具体的なテクニックは、例えば工場のラインや小売業の店頭など、建設分野以外の現場でリーダーを務める人にも、大いに参考にしていただけるはずと確信している。

本書ではまず第1章で、コミュニケーションの基本「報・連・相」の真の意味を改めて確認する。次に第2章では、所属する組織（勤務する会社や担当する現場チーム）の内外でコミュニケーションのレスポンスを早くするための勘所について説明する。

　第3章では組織外の人とのプレゼンテーションの場で求められるテクニックに、第4章では現場チーム内でのコミュニケーションに重点を置いて、また第5章ではさらに幅広く、リーダーが身に付けるべきスキルを整理した。事例を多く盛り込んだので、ぜひ自らの日常行動と照らしてみていただきたい。

　技術立国日本を再生するために、今高めなければならないのは、建設分野を含めて全ての産業における「現場力」だ。そのうえで現場のコミュニケーション術、特に現場リーダーのそれは、極めて重要な役割を果たすのである。

　本書の第1章と第2章は、オーム社の専門誌「電気と工事」（2007年6月号～08年5月号、および08年6月号～09年5月号）に私が連載した「ワンランク上の施工を目指す現場コミュニケーション技術」をベースに、イラストも含めて一部を修正・加筆したものである。書籍化を快諾してくれた同社と同誌編集部に心から感謝したい。なお第3章以下は、イラストを含めて新たに書き下ろした。

2014年3月
降籏達生　ハタコンサルタント株式会社代表取締役

CONTENTS

CHAPTER1
コミュニケーションの基本は「報・連・相」

コミュニケーションは技術だ ——————————— 010
「報・連・相」の定義とは？／「報告」のまずい例／「連絡」のまずい例／「相談」のまずい例

どうすれば「報・連・相」が活性化するか ——————— 018
組織を「開いた手」から「握った拳」に／会議は自主的コミュニケーションの場／
参加者の気持ちを前に向ける

目的を伝えなければ自主的に行動しない ——————— 023
「報・連・相」の観点で見た指示・命令

ストロークは心の食べ物 ————————————— 027
肌の触れ合いと心の触れ合い／コミュニケーションを損なう「ディスカウント」／
組織運営とストローク

実際の組織と「報・連・相」 ———————————— 031
「報・連・相」が組織図の通りに行われていない

5W2Hは魔法の言葉 —————————————— 035
大切なのは伝える順番／質問は必ず5W2Hで

心理的ゲームに陥っていないか —————————— 038
心理的ゲームとは何か／抜け出せない落とし穴／どんなパターンがあるか／心理的ゲームを終わらせろ

「知ってもらう」と「分かってもらう」 ————————— 044
情報共有化の重要性／情報共有化の3レベル／情報共有化のための手法

「聴く」ことが活気を生む ————————————— 048
「きく」には2種類ある／上手に「聴く」ための基本ジェスチャー／こんな「聴き方」を心掛けよう

リーダーのコミュニケーションスキル ————————— 051
管理者に必要な三つの能力／コンセプチュアルスキルとコミュニケーションスキル／
管理者のコミュニケーション

CHAPTER2
レスポンスが早い現場をつくる

部下の自主性を高める ——————————— 056
自主性が欠ける部下をどう指導するか／相談してくるのが遅い部下

葛藤処理スキルとクリティークスキル ——————— 060
「外的葛藤」と「内的葛藤」／ほめて、叱って、任せて、信じる

チーム外の味方を粗末にするな ————————— 064
営業部門とのコミュニケーション／組織としてできること／
協力会社などとの行き違いに潜むリスク／"味方"をつくるコミュニケーション

「ワンデーレスポンス」はなぜ必要か ——————— 073
遅い返答はコストに跳ね返る／あなたはどのタイプか

迅速な返答の実践方法 ———————————— 078
戦略的意思決定と戦術的意思決定／ワンデーレスポンスを実践する体制づくり

リーダー個人に不可欠な資質とは ———————— 084
リーダーに求められる三つの資質

CONTENTS

CHAPTER3 チーム外とのコミュニケーション

対外コミュニケーションには4段階ある ——————————— 090
相手はいずれも「顧客」と考える

相手との距離を縮める基本テクニック ——————————— 093
まずは自分を知る／アピールポイントを整理しておく

「徹底して聴くこと」が成功の秘訣 ——————————— 098
「事前期待」と「事後評価」の関係／ヒアリングのための四つのポイント

相手の心を動かすプレゼンテーション ——————————— 102
まねから学ぶうまい話し方／自らの強みと他者とのマッチングを考える／
いつも心に「台本」を／相手の心を動かす3原則

相手の「ノー」を「イエス」に変える ——————————— 118
交渉時の基本的態度で大切な7項目／ロールプレイで練習する／
相手に「ノー」と言わせない話し方／自分の要望や欲求を示すだけではだめ

CHAPTER4 日常の様々な機会にスキルを磨く

朝礼で現場を活性化する ——————————— 132
やり方次第でメールなども有効／話のネタややり方はいろいろ

会議を元気にする ——————————— 139
会議の前提として必要なこと／ひと味違う会議にする進行テクニック／
会議は終わり方も重要／「決めない会議」の進め方

コミュニケーションの要は雑談力 ——————————— 149
雑談力を高めるテクニック

CHAPTER5
五つの「まめ」でスキルアップ

まずは「出まめ」になろう ——————————— 166
フェース・ツー・フェースの機会を増やす／「会いたい人リスト」を日ごろから用意

電話を上手に使いこなす ——————————— 171
常に相手の状況を推察しながら／電話コミュニケーションの勘所

メールは便利だからこそ注意が必要 ——————— 175
意外と忘れがちな書き方の基本／やり取りでは「お作法」がある

「筆まめ」の効用とは ——————————————— 184
虚礼にしないのはあなた次第／「まずは形から」でもいい／具体性を必ず盛り込む

お世話を「する」は「される」に勝る ——————— 194
自分の人脈と知識・情報をフル活用

全ては「ギブ＆ギブ」の姿勢で臨む ——————— 197
無償の取り組みと考えよ

CHAPTER1
コミュニケーションの基本は「報・連・相」

- 01 コミュニケーションは技術だ
- 02 どうすれば「報・連・相」が活性化するか
- 03 目的を伝えなければ自主的に行動しない
- 04 ストロークは心の食べ物
- 05 実際の組織と「報・連・相」
- 06 5W2Hは魔法の言葉
- 07 心理的ゲームに陥っていないか
- 08 「知ってもらう」と「分かってもらう」
- 09 「聴く」ことが活気を生む
- 10 リーダーのコミュニケーションスキル

01 コミュニケーションは技術だ

　工事現場では、多くの会社や人が入り乱れて仕事をしている。このため、コミュニケーションの良しあしが、仕事の品質や効率性が左右する。コミュニケーションは技術だ。この技術を体得することが、良い現場づくりのためには欠かせない。

　コミュニケーションの技術で基本となるのは、「報・連・相」（報告・連絡・相談）である。まずはこれら三つのキーワードの定義を理解して使い分けることが第一歩だ。

「報・連・相」の定義とは？

　「報告」、「連絡」、「相談」それぞれの定義を問われたら、どう答えるか——。それぞれ異なる定義で捉えていたら、お互いのコミュニケーションはうまくいかない。これら三つの違いは「誰に伝えるのか」、「何を伝えるのか」を基本に考えると分かりやすい。それをまとめると、下の表のようになる。

	誰に伝えるのか	何を伝えるのか
報告	指示、命令、依頼した人に対して	指示、命令、依頼に対する返答を伝える
連絡	関係者全員に対して	相手に対して伝えた方がいいと思うことを伝える
相談	信頼関係のある人に対して	自分が聞いてほしいと思うことを伝える

　まず「報告」とは、自分に何らかの指示や命令、依頼などをした人に対して、その返答をすることだ。いわば相対してのキャッチボールであり、受け取ったボール（指示や命令、依頼）を相手に投げ返すのが「報告」である。「投げた相手に返さないと成り立たない」という点で、「報告」とは義務的コミュニケーションと言える。

これに対して「連絡」は、関係者全員に「相手に伝えた方がいい」と思うことを伝える行為だ。例えば工事中の現場でリーダーである自分の携帯電話に、周辺住民からクレームが入ったとする。その情報を誰に伝えるか。

発注者はもちろん、自社の上司、現場で作業を行う職人、出入りする協力会社など、関係者にすぐに情報提供しなければならない。会社に連絡してくる人もいるだろうから、内勤スタッフにも事情を説明しておいた方がいい場合もある。また、近くで同種の工事を実施している仲間にも、注意喚起すべきかもしれない。

このように、誰に情報提供するかは本人に委ねられている。この点で、「連絡」とは、自主的コミュニケーションとも言える。

三つ目の「相談」は、「自分が誰かに相談したい時」を考えると、その本質が見えてくる。普通は誰も、回答を期待できない相手や、そもそも受け付けてもらえそうにない相手には、決して「相談」を持ち掛けない。逆に言えば、「相談」とは信頼できる相手にだけ、持ち掛けるものだ。その点で、相互信頼コミュニケーションと言える。

「報告」のまずい例

現場で発生する問題の80％は「報・連・相」のまずさに起因する、というのが私の実感だ。しかし原因の所在が形になって見えないために、対策が困難なことが多い。それを目に見える形で分類してみよう。

まずは「報告」のまずい例だ。「報告」では、指示・命令というボールを投げて、報告というボールを投げ返す必要がある、と先述した。このキャッチボールがうまくいかない原因は、ボールを受ける側（報告する側）にある場合と、ボールを投げる側（指示・命令する側）にある場合とに分けられる。特に多いのは前者で、代表的な例として次のようなパターンがある。

1 指示・命令をため込む

上司　「A君、午前中に○○の状況を確認してきてくれ。ついでに△△もやってきてほしいんだ。そうそう、昨日打ち合わせた○○の追加工事提案も見積もりを進めておくように」

A君　「どれからやれば、いいんだろう。優先順位が付けられないよ」

2 指示・命令を拒否する

上司　「A君、昨日の強風ではずれた表の工事看板を朝のうちに直しておいてくれないか」

A君　「今は忙しくてできません」

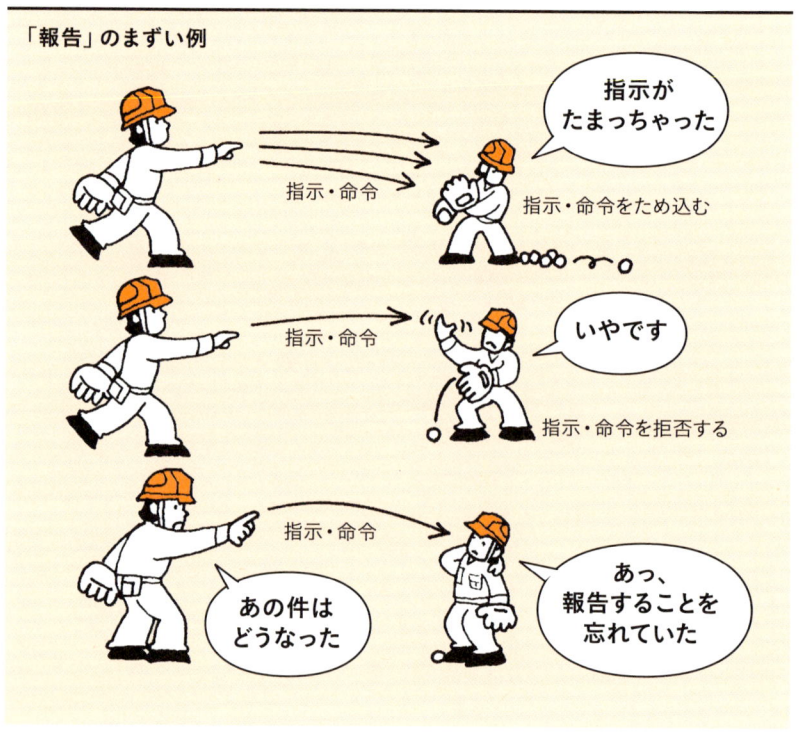

3 指示・命令に対する行動をするが、結果報告をしない

上司　「A君、お客様の○○さんに見積書をFAXしておいてくれ」
　　　（A君は見積書を作成して、お客様にFAXした）

───しばらくして…

上司　「A君、今朝指示した見積書のFAXはどうなった？」
A君　「その件につきましては、13時にFAX完了しました」
上司　「業務が完了したら、完了したことを私に報告しないといけないじゃないか」

「報告」のまずい行動パターンは、おおむねこれら例1〜3のいずれかに類型化できる。いずれも、義務的コミュニケーションという本質が成立していない。こうした行動パターンをしばしば取る人の多くが口にしがちな禁句が、つぎの三つだ。

「分かりません」。指示・命令者が、何を言っているのか分からないことはあるだろう。しかし、深く考えずに「分かりません」というのは、仕事を放棄することにつながる。

「聞いていません」。指示や命令といっても、一から十まで詳細に伝えることはできない。一を聞いて十を知るとまでいかなくても、七から八を聞いて十を知ることは必要だ。二から三を聞いていなかったといって、「聞いていません」と答えるのは無能な証拠だ。

「知りません」。これはつまり、「勉強していません」ということだ。勉強するとは、知識を身に付ける努力をするということ。つまり「知りません」という人は、日々の努力をしていないと言える。

「連絡」のまずい例

「連絡」は自主的コミュニケーションである。自主的であるからこそ、個人差が大きく出る。つまり、きちんと連絡する人と、連絡しない人の差が大きいということだ。では、まずい例とはどんな行動パターンなのか。

1 情報を必要な人に渡していない

入手した情報は、その情報が必要な人に渡さないといけない。これを情報の共有化という。情報の共有化は、情報の「見える化」ともいい、機能的な組織づくりのための必須条件である。

2 情報が相手に届いていることを確認していない

上司　「A君、○○工事の件を○○建設のC課長に連絡してくれたか？」
A君　「はい、すぐにメールを送りました」
上司　「B課長からの返答はあったのか？」
A君　「いいえ、何もありません」

――しばらくして…

上司　「A君、B課長から返答があったか？」
A君　「いいえ。まだでしたので、B課長に電話しましたら、今週は休暇を取っているとのことです」
上司　「いまさら何を言っているんだ。B課長が不在なら、
　　　　C主任かD部長に連絡すればいいだろう」

相手に伝わってこそ、「連絡」したことになる。その点でA君の行動は、単なる「発信」だ。「連絡」と「発信」とは異なるということを心得なければいけない。

3 相手の立場に立って連絡する

　相手の状況や立場に応じた連絡をしなければならない。受け取りやすいボールを投げてあげないと、相手は受け取れないのだ。大切なのは「連絡をする順番（優先順位）を考える」、「緊急性や重要性に応じて伝え方を変える」、「悪い情報ほど、早く伝える」という三つである。

「相談」のまずい例

　「報告」や「連絡」は実施する側の行動パターンがまずいことが多いが、「相談」は受ける側に問題があることが多い。繰り返すが、「相談」は相互信頼コ

ミュニケーションだ。相手との信頼関係が熟成されているかが、ポイントになる。受ける側のまずい行動パターンを次にいくつか挙げる。

1 相談をまともに聞かずに怒る

　相手の話を聞かない人に多いパターンだ。相談に乗ることは、部下育成の一環でもあるので、相談を聞かない人は、人材育成を放棄しているとも言える。そういう人に限って、問題が起こると「どうしてもっと早く相談しないんだ」とさらに怒りがち。

2 相談を持ち掛けられて対応しない

A君　「○○の件に関して、こうしたいのですが、どう思われますか」
上司　「そうだなあ。どうしようか」
A君　「どうしたらいいですか」
上司　「うん、考えておくよ」

　相談を受けた人は、必ずレスポンスを返さないといけない。曖昧な態度でいると、信頼関係が損なわれる。そのうち相手は、相談はおろか、報告や連絡さえもしなくなる。

3 相談をしたい時にいない

　相談をしたい時に、その場にいないと相談したくてもできない。不在のケースだけでなく、携帯電話に掛けてもつながらない、メールしても返事がないといったパターンも同じだ。
　また、その場にいたとしても、「私は忙しいんだ。話し掛けるな」という雰囲気を醸し出している人もいるが、大間違いである。現場所長や工事長、部課長といったリーダーは、相談を受けることも重要な仕事の一つだ。

　例えば、朝早く職場に来て新聞を読んだり、ぼーっとしていたりすることが、相手にとって相談しやすい雰囲気づくりにつながる場合もある。また自分から、

特別に用がなくても「調子はどうだ」などと部下に声を掛けることも、同じだ。このようにリーダーが、意識的に周囲が相談しやすい雰囲気づくりを心掛けることこそ、現場の仕事を円滑に進める秘訣である。

02 どうすれば「報・連・相」が活性化するか

「報・連・相」の重要性は理解しているが、現場のリーダーである自分自身がそれらを使いこなせていない——。そう感じるなら、それは正しいやり方が身に付いていないからだ。クイズ形式で、「報・連・相」に関するあなたの本当の理解度を判定してみよう。

組織を「開いた手」から「握った拳」に

〔設問〕

あなたは工事所長だ。若い社員10人を複数の現場に配属して工事を進めている。社員の能力を考えて現場配置を決めているが、それがうまくいかずに苦労している。そのうえ、社員の「報・連・相」が悪いために、現場の状況が把握できず、顧客からよく苦情の電話が掛かってくる。対策としてあなたは、次のいずれを選ぶか。

　　イ．臨時社員を増やす
　　ロ．自分の片腕となる幹部を育てる
　　ハ．社員同士のミーティングを実施する

　イのように、単に人数を増やしても、組織はさらにばらばらになるだけだ。チームとしての力を発揮することはできない。その一方、ロのように幹部社員を育てることは確かに重要だ。しかし、「船頭多くして船、山に登る」ということわざもある。船頭を増やす前にすべきことがあるだろう。
　ここでは、ハが正解だ。管理者として、まずはミーティングなどの「報・連・相」が機能する職場環境を整えることが大切である。報告や連絡、相談の定義や意義、手法を全員で共有することが大切。そうした環境をつくれば、一人ひとりの自主的な「報・連・相」を期待できる。

CHAPTER1

　例えるなら、組織やチームを構成する一人ひとりは手の指に似ている。手のひらを広げた状態では、指は自由に動く。グッと拳を握ると、5本の指はひと塊になる。空手で、手のひらを広げた状態で突きをしたら、指をくじいてしまう。堅い拳にするから、突きの威力が出る。組織やチームも同じだ。

　5本の指を一人ひとりの社員と考えてほしい。手のひらを広げた状態ではばらばらだ。しっかり握って、一体となったときこそ、大きな力が出る。一本一本の指を一体化する接着剤の役割を果たすのが、「報・連・相」なのだ。

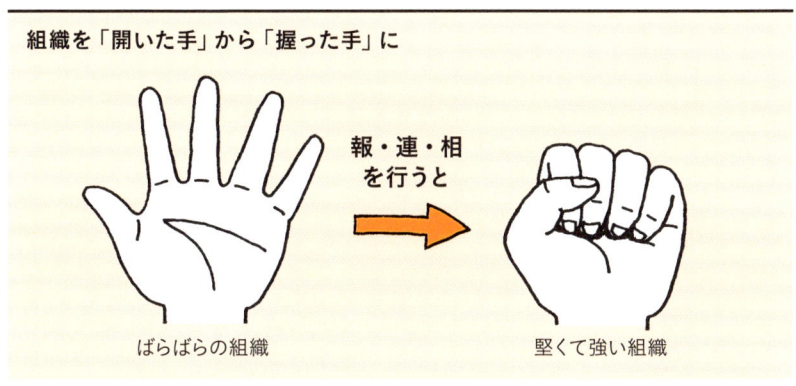

組織を「開いた手」から「握った手」に

報・連・相を行うと

ばらばらの組織　→　堅くて強い組織

会議は自主的コミュニケーションの場

[設問]

（前の設問から続く）工事所長であるあなたは、社員が参加する会議を開催することにした。実施し始めた当初は、意思疎通がうまくいき、問題が減少した。しかし、しばらくすると会議ではあなた以外、誰も話さなくなり、そのうち現場が忙しいという理由で出席者も減ってしまい、結局、元の状態に戻ってしまった。あなたは会議運営でどのような対策を立てるか。

　　　イ．きちんと報告が行えるように資料を準備させる
　　　ロ．参加者の飲み物を用意する
　　　ハ．相談がしやすいように個別相談の時間を設定する

おさらいすると、「報告」は義務的コミュニケーション、「連絡」は自主的コミュニケーション、そして「相談」は相互信頼コミュニケーションである。では、会議とはどれに当てはまるのか。

　多くの会社では、会議で指示や命令、その報告といった義務的コミュニケーションが主体になっている。例えば、次のようなケースがよくある。

上司　「A君、現場の状況を報告しなさい」
A君　「順調に進んでいます」
上司　「B君の現場はどうだ」
B君　「先日、顧客から、営業担当者が言ったことが現場に伝わっていないというクレームがありました」
上司　「どうしてそんなことになったんだ」
B君　「営業担当者から聞いたことを、うっかり忘れていたからです」
上司　「どうして紙に書き取らないんだ」
B君　「すみません」

　このような内容のやり取りは、わざわざ全員が顔を合わせて行う必要はなく、個別に行えばよい。また、「報告」を求められることが主体の会議では、参加者はしっかり資料を作って万全の態勢で挑もうとする。これでは、独創的なアイデアは出てこない。
　また個別の相談も、会議で行う必要はなく一対一で行えばよい。したがって前ページの設問の答はイ、ハは望ましくなく、ロの「参加者の飲み物を用意する」が正解だ。

　会議は本来、情報共有と、そこから問題を洗い出す場である。つまり「連絡」の場だ。「連絡」は自主的コミュニケーション。主催者（上司など）は、参加者が自主的コミュニケーションをしやすいムードをつくることが第一である。ロの「飲み物を用意する」を正解にしたのは、要するに、「参加者が意見が言

CHAPTER 1

いやすいムードをつくる」ということなのである。

上司　「今日は、現場運営をスムーズに行うために意見交換をしよう。意見がある人は発言してください」
A君　「営業担当者とのコミュニケーションが良くないので、顧客の要望が現場まで伝わってこないことが多いです」
上司　「この件について、皆さんはどう思いますか」
B君　「私もそのようなことがありました。私は、自分から営業担当者に、連絡事項を紙に書いて連絡してもらうようにお願いしています」
C君　「私は〇〇〇〇と思います」
D君　「私はC君とは意見が違って、△△△△と思います」

　これが本来の会議の姿である。参加者に自由な意見を出してもらって、ホワイトボードに書き出すなどして、議論の流れを参加者全員で共有し、組織としての意見をまとめていくことが重要なのだ。

参加者の気持ちを前に向ける

[設問]
（前の設問から続く）会議上で上司が参加者全員に、重要なテーマについて皆に意見を求めた。今度は、あなたは参加者（部下など）の一人である。そしてあなたは、有力な意見を持っている。どう発表するか。

　　　イ．指名されるまで待つ
　　　ロ．タイミングを見て発表する
　　　ハ．とにかく真っ先に発言する
　　　ニ．一番最後に発言する

　会議の場がどれほど意見を言いやすいムードだったとしても、発言者自身の気持ちが前を向いていないと、コミュニケーションはスムーズにいかない。

「指名されるまで待つ」のは、「指示待ち人間」である。また「とにかく真っ先に発言」や「一番最後に発言」を選んだ人は、「自分の意見を絶対通そう」とか「何か話さないと自分の評価が下がる」など、余計な思惑が背景にあることもままある。いずれも、コミュニケーションという点では気持ちが前に向いていない。

　最も適切なのは、「タイミングを見て発表する」。参加者相互の意見をよく理解して、話の流れを確認していることが、コミュニケーションでは必須だ。だから会議の主催者（上司など）としては、話の流れを参加者たちが分かっているか、確認しながら進行する必要がある。「ホワイトボードに書き出して」と先述したのは、そのために効果があるからだ。

　時には皆の話があちこちに飛んで、話の流れが見えなくなることもある。そんな時は改めて、要点を書き出しながら、「このような話の流れでいいですか」と整理してあげることも、進行役として重要な役割だ。

話の流れに乗って発言する

03  目的を伝えなければ自主的に行動しない

「報・連・相」は、指示や命令とセットで行われることが多い。上位者から下位者に対する指示、命令が前提となるわけだが、それらが不十分なために、正しく「報・連・相」が行われないこともある。

「報・連・相」の観点で見た指示・命令

[設問]

あなたは工事所長だ。朝礼で毎回、当日の作業内容を作業者に伝えている。しかし、話した内容が正確に伝わっていなかったために、現場で作業のやり直しになることが少なくない。また、内容が伝わっていても、作業者たちは伝えたことしか行わず、自主的に考えてさらなる工夫や改善を行わない。あなたが取るべき対策はどれか。

　イ．図面や書面で伝達する
　ロ．作業者のリーダーにしっかり伝える
　ハ．作業の目的を伝える

上の設問を「報・連・相」の観点から検討するうえで、次の点を理解する必要がある。指示や命令を与える相手の理解力・実行力のレベルには、次のような段階があるということだ。

第1レベル：指示を理解できない
第2レベル：指示は理解できるが、その通り実施できない
第3レベル：指示を理解し、その通り実施できる
第4レベル：指示を理解し、その通り実施できるうえに、
　　　　　　さらなる改善や工夫も提案できる
第5レベル：指示の前に、状況を踏まえて改善策を実施できる

前ページの設問に照らすと、この作業者たちは第1から第3のレベルということになる。言ったことが正確に伝わっていなかったり、言ったことしか行わないという状態は、彼らの理解力・実行力のレベルに起因する一方で、指示や命令を出す側にも改善すべき点がある場合が少なくない。

　解答のイやロは、指示・命令手法上の改善策でもある。しかし、本質的に相手の理解度を深めるうえでは、指示や命令の「目的」を伝えることが欠かせない。つまり、正解はハの「作業の目的を伝える」である。

　指示・命令の「目的」を相手にどう伝えるか──。前ページの設問の解答を具体的にイメージしてもらうために、工場建設の現場で電気工事を行うと想定して、参考例を挙げる。下線部分が指示・命令の「目的」だ。

「今日の仕事の概要は、建物2階の配線と資材運搬だ」
「まず、本日配線作業をする場所は、この工場のメーンである精密機械が据え付けられる箇所なので、いつも以上に細心の注意を払って配線をしてほしい」
「配線終了後、資材を運搬する。明日の作業のための準備だ。明日の配線作業は、今回の工事の工程を守るためのポイントとなる。工程を守ってお客様に喜んでいただくために、どこに資材を置けばスムーズに作業が進むかを考えて運搬しよう」

　余談を一つ。古代のエジプトで、ピラミッドの建設現場に3人の男がいて、黙々と石材を運んでいた。それぞれに「あなたは何をしていますか」と質問すると、彼らは次のように答えたという。

　1人目は、「石を運んでいるんだ。見れば分かるだろう。」と答えた。2人目は、「私はピラミッドを造っています。良いピラミッドを造るために、欠けたり汚れたりしないように、気を付けて運んでいます」と答えた。

そして3人目は、次のように答えた。「私はピラミッドを造ることで、エジプトの文明を築いています。ですから皆さんに対しても、エジプトの民を代表する気持ちで接しています」。指示・命令を出す人が目指すべきは、伝える相手に2人目の男、さらに望むなら3人目の男のような気持ちを持ってもらうことなのだ。

ここで、「指示」と「命令」の定義を確認しよう。この定義を踏まえて正確に用いてこそ、適切な「報・連・相」を促すことができる。

指示	業務の目的、意味、重要性を伝える
命令	行動を具体的に命じる

この定義に照らすと、例に出した古代エジプトの3人の男で、1人目のレベルは単なる作業をしているだけにとどまる。「命令」をただ遂行している、という状態だ。自分で考えずに作業しているので、工夫もしない。言われたことを忘れることもある。この状態を「命令と統制のコミュニケーション」という。

これに対して2人目の行動レベルは、単なる作業ではなく"仕事"と言っていい。「指示」によって、行動の目的を理解しているので「これでいいのか」、「もっといい方法はないのか」と考え、自主的に行動することができる。

この状態を「目的によるコミュニケーション」という。

 3人目の男はどうか。この状態は、「やりがい」を感じるレベルである。行動の目的と自らの夢とが一致して、仕事が人生そのものという状態だ。ここまでくると、周囲の人を巻き込むような魅力を発信することもできるようになる。

 「命令と統制のコミュニケーション」では指示・命令を出す人（上司など）と受け取る人（部下など）は従属的依存関係になり、後者のやる気や向上心をなかなか引き出せない。したがって指示・命令を出す人が心掛けるべきは、「目的によるコミュニケーション」に基づいて伝達しているか、ということなのだ。

04 ストロークは心の食べ物

　コミュニケーションは、相手を思って投げ掛ける言葉から始まる。その言葉次第で、相手の行動の動機付けにつながる場合もあれば、逆にやる気をそいでしまうこともある。

　心理学の用語で「ストローク」という言葉がある。これは、「自己および他者の存在を認める働きかけ」と定義されている。建設現場のコミュニケーションでも、極めて重要なキーワードだ。

肌の触れ合いと心の触れ合い

　ストロークには、2種類ある。「肉体的ストローク（肌の触れ合い）」と「心理的ストローク（心の触れ合い）」だ。

　肉体的ストロークとは、握手、肩を軽くポンと叩くなどの行為のことを指す。

肉体的ストローク

よっ、調子はどうだ！

　他方、心理的ストロークとは「ほめる」、「励ます」、「認める」、「ほほ笑む」、「語り掛ける」、「電話する」、「仲間に入れる」、「挨拶する」、「報告する」、「連絡する」、「相談に応じる」、「手紙を書く」といった行為が当てはまる。必ずしも相

手に対して肯定的な内容だけではなく、「叱る」や「注意する」、「忠告する」といった否定的内容も、心理的ストロークの一種だ。

心理学では、ストロークを「心の食べ物」としている。人はストロークがないと生きていけない。ストロークこそ、相手の心を開かせ、相手をやる気にさせ、行動のインセンティブとなるのだ。

コミュニケーションを損なう「ディスカウント」

ストロークに相対する言葉として、「ディスカウント」というキーワードがある。これは、「相手および自己の存在や価値を無視したり、軽視したりすること」と定義されている。

ディスカウントも、肌の触れ合いである「肉体的ディスカウント」と、心の触れ合いである「心理的ディスカウント」に分かれる。肉体的ディスカウントとは「殴る」、「蹴る」といった言わば暴力行為。心理的ディスカウントとは「無視する」、「関心を持たない」、「情報を共有しない」といった行為が当てはまる。

親が子供を虐待する事件が相次いでいる。このような親には、自ら子供時代

に家庭内で暴力を受けたり、無視されたりといった体験を持っている人が少なくないと聞いた。このようなディスカウント体験は内面的な成長にひずみをもたらし、自分の子供にも同じように行動してしまうのかもしれない。そして同様の現象は、組織運営でもしばしば見られるのである。

組織運営とストローク

　良い職場とは、どのような職場だろうか。それは、そこかしこに「ストローク」があふれている職場だ。

　上司と部下、同僚間、協力会社や取引先の社員など、あらゆる関係者間でストロークが活発に行われている場所は、人間関係もスムーズで、活性化している。それは当然、仕事にも反映する。関係者一人ひとりのやる気につながり、顧客への対応にも直結する。その結果、業績も上がる。

　そうした職場にするために、どうすればいいのか。具体的な手法をいくつか挙げてみよう。

［手紙］

　手紙は、ストロークで高い効果を見込める手段の代表例だ。特に手書きの手紙は相手の心に響く。
　ある菓子メーカーの社長は、必ず毎日1通、社員個人宛に手紙を書くという。社員は数百人いるので、手紙を受け取るのは何年かに一度だが、社長からの直筆の手紙はとてもうれしいものだ。

　また、あるリゾートホテルでは、「サンキューカード」という制度があるそうだ。社員が互いに、名刺サイズのカードに感謝の気持ちを書いて贈り合うという制度だ。例えばホテルの客室係のスタッフが同僚に、「〇〇さん、仕事を手伝ってくれてありがとう」。レストランの接客担当が料理長に、「〇〇料理長、

今日の食事はおいしかったとお客様にほめられました」。こんなふうにやり取りする。

このホテルは社員約80人ほどで、1ヵ月当たり500枚以上のカードを社内で交換し合っているという。カードのやり取りはそのまま心のやり取りにつながり、活気あふれる職場をつくり出している。

[プレゼント]

ある建設会社では創立記念日に、会社から社員一人ひとりに高級コーヒーカップを贈っている。1年に1客でも、5年たったら1セット。仕事の積み重ねや、例えば家族が増えるなどプライベートの充実を示すかのように、カップは毎年1客ずつ増えていく。

この会社の社員は次のように話していた。「私は会社に感謝しています。毎年のプレゼントは家内がとても楽しみにしているのです。家内の喜ぶ姿を見ると私もうれしく、もっと頑張ろうという気持ちになります」

[セレモニー]

ある住宅会社の35周年記念パーティーに参加したときのことだ。社員はもちろん、その家族や、OB社員も多く集まっていた。このパーティーで最も感動的だったのは、社員表彰。このときは、なんと3世代に渡ってこの会社に勤務したという社員とその家族が表彰されていた。

創業当時に事務を務めていた祖母、現役の社員大工である息子、そして入社したばかりの孫…。3人がそろった姿は感動的で、パーティーは大いに盛り上がっていた。表彰される方にとっても、それを見ている他の社員にとっても、まさにこのパーティーは互いに効果的なストロークを交換する場となっていた。

05 実際の組織と「報・連・相」

あなたの会社の組織図を思い浮かべてほしい。「報・連・相」の流れが組織図通りに機能している会社と、そうでない会社とがある。その差は、情報の流れと組織構成が一致しているか否かだ。実際には、組織図が示す上意下達のライン構成と、現実の「報・連・相」の流れが一致していないケースがよくある。

「報・連・相」が組織図の通りに行われていない

ここで、あなたに課題を与えよう。自社の「実際」の組織図を手書きで書いてほしい。通常どのような流れで報告や連絡、相談がされているかを考えながら、感じるままに書いてほしい。

研修などでこう問い掛けると、同じ会社の社員でも様々な組織図が出来上がるものだ。一見、いわゆるピラミッド型組織のはずなのに、結構千差万別の組織図を示されて驚くこともある。

組織図と「報・連・相」の流れとが一致していない例をいくつか挙げてみよう。一つ目は、名付けて「なべぶた型組織」だ。

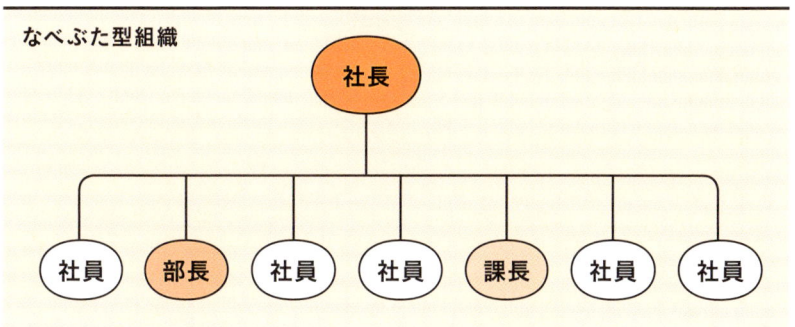

この組織は、トップ（社長など）が全ての組織構成者に直接、指示・命令を

行っているタイプだ。指示・命令された人も、直属の上司などを介さずに、直接対応する。したがって末端の組織構成者は、直属上司の指示・命令よりトップのそれを優先するようになる。

こうした組織では、構成者が少人数ならともかく、一定の人数を超えると情報がうまく回らなくなる。また、部課長など中間管理職の役職や職位が無意味化し、トップの目が行き届かないところで問題が発生しやすくなる。

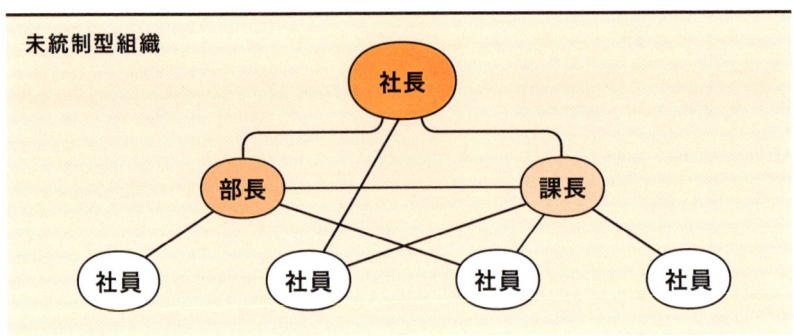

二つ目の例は「未統制型組織」だ。誰が誰に対して指示・命令し、誰が誰に対して報告、連絡、相談すればいいのか、全く分からない組織である。統制が取れた組織とは言えない。

このような組織では、「その件、私は聞いていません」、「どうして私にもっと早く報告しないのだ」、「いえ、〇〇さんには報告しました」といった会話がそこかしこで頻繁に生じる。

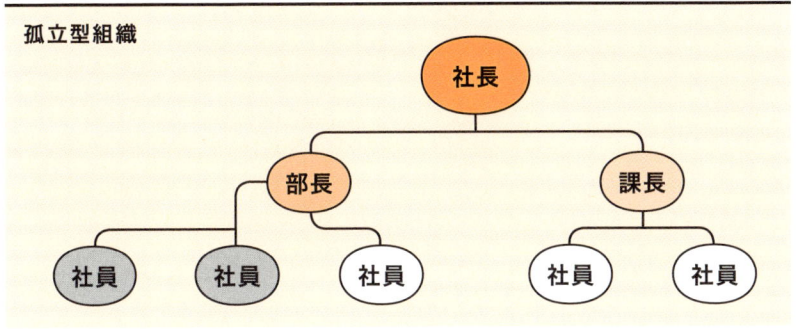

　三つ目は「孤立型組織」である。組織内に、他から孤立している部署や個人がいる状態だ。孤立した部署・個人に情報が伝わらなかったり、逆に彼らの状況がつかめなかったりする。不正や不祥事の温床を生み出す可能性が高くなるパターンだ。

　「飛び越し指示」にどう対応するか ──。一見するといわゆるピラミッド型組織のはずなのに、実際はそうではないというケースはしばしばある。ここで、一つ質問しよう。
　末端社員であるあなたに、部長が、直属の上司である課長を飛び越して指示を投げ掛けてきた。あなたはどのような対応をすればいいだろうか。

　　イ．部長と直接やり取りをする
　　ロ．「課長に話してください」と言って、課長の指示を待つ
　　ハ．課長に「どうしたらいいのか」と相談をする

　このようなことは、組織ではよくある。これを「飛び越し指示」と言い、「報・連・相」の流れを混乱させるリスクを内包する。前述した「なべぶた型組織」では、恒常的に行われているパターンだ。組織上の問題なら、しっかりしたピラミッド型に組織体制を修正すること自体が最優先だ。したがって、答はイ～ハのいずれでもない。

ただし、ピラミッド型組織であって通常は組織図通りに「報・連・相」がなされていても、緊急性や専門性が高い課題に対して飛び越し指示が出されるような場合がある。「緊急性が高いので、その案件に携わる社員に直接指示する方が、迅速に対応できる」、「専門性の高い課題のため、専門的知識のない中間職を通して、誤解や連絡ミスが生じる可能性が大きい」といった場合だ。

このような飛び越し指示にどう対応するか。この場合も、答はイ〜ハのいずれも不十分。「報・連・相」に照らして、次の二つの原則に基づいて対応すべきだ。

原則1：飛び越し指示を出した相手に直接、報告をする
原則2：飛び越し指示を受けた旨を直属の上司に連絡をする

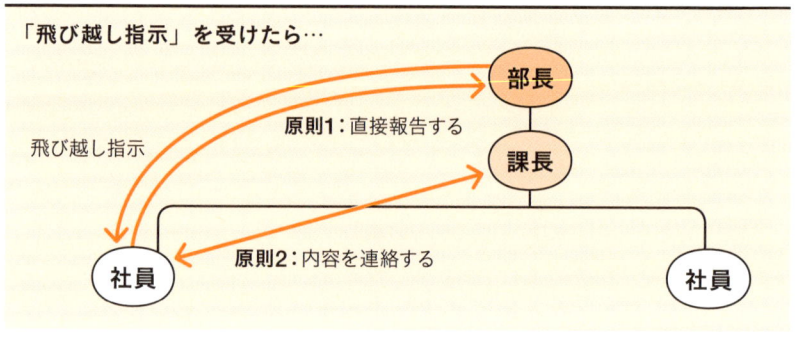

原則1を実行することにより、緊急性、専門性の高い課題を迅速に解決することができる。また原則2を実行することにより、「報・連・相」系統図に沿った組織を保つことができる。

06 5W2Hは魔法の言葉

コミュニケーションがうまくなりたいという思いはあるが、実際にはうまくいかない――。そんな人が多い。最大の原因は、伝える技術が足りないためだ。伝える技術で最も大切な「5W2H」について解説しよう。

大切なのは伝える順番

「5W2H」という言葉を聞いたことがある人は多いだろう。おさらいのために、下の表にまとめてみた。

ステップ	日本語	英語	内容
1	なぜ	Why	理由、目的
1	なに	What	対象
2	いつ いつまでに	When	時期、期限、期間
2	どこ	Where	場所、地域
2	だれ	Who	責任者、担当者
3	どのようにして	How	具体的な方法
3	いくらで	How much	費用

大切なのは、5W2Hには伝えるべき順序があるということだ。表中の「ステップ」はその順番。1～3の順に情報を伝えると、相手に理解してもらいやすくなる。「なぜなに、いつどこだれ、どのようにして、いくらで」という調子だ。

実際のコミュニケーションでは「5W2H」の一部が抜けていたり、伝える順序が悪かったりして伝えたいことが伝わらず、相互に勘違いが生じることも

ある。自分が想像するよりも、相手は理解していないということを自覚しなければならない。悪い例を挙げてみよう。

「早急に工場のライン増設工事をしてきてくれ。えっ、どこかって…。〇〇市のあそこだよ、あそこ。君はやったことがあるので分かるだろ。△△君と一緒にとにかく急いで行ってきてくれ。なぜそんなに急いで設置するのかって…。いいから、ぐずぐず言わずに早く行ってきてくれ」

5W2Hの要素がほとんど含まれていない。こんな指示のされ方をすれば、言われた方は状況が何も分からない。やる気も起こらないだろう。不満を感じながら、とにかく仕事をしないといけないので、分からないまま現場に行く。結局、手戻り、手直し、手待ちが起こり、現場をうまく運営できない。

質問は必ず5W2Hで

恋人と話していても、話が続かない人がいる。話が途切れがちになり、会話が弾まないと「あなたはつまらない人ね」と言われてしまうことになりかねない。その一方、相手がどんなに無口でも、話題が豊富で楽しく会話できる人もいる。何が違うのだろうか。その理由は、5W2Hの活用方法の違いだ。

[話が続かない人]

本人　「昨日、〇〇というテレビ番組を見た?」

相手　「いいえ」

本人　「(では、話題を変えよう…)僕の趣味は音楽鑑賞なんだけど、あなたは音楽が好きかい?」

相手　「いいえ」

本人　「そうなんだ…。(ほかの話題にしよう…)
　　　　じゃあ、あなたは兄弟はいるの?」

相手　「はい」

[話がうまい人]

本人	「昨日は何のテレビ番組を見たの？」
相手	「○○よ。面白い番組だったわ」
本人	「僕も見たよ。誰と見ていたの？」
相手	「妹と見たわ。妹は主題歌が好きなの。 私は、この曲をピアノで弾いてみたいと思ったわ」
本人	「ピアノが弾けるなんてすごいね。どのように習ったの？」
相手	「母がピアノの先生なので、母に教えてもらったの」

　違いが分かるだろうか。話が続かない人の場合、相手への問い掛けが、「はい」や「いいえ」で答える質問形式になっている。これに対して話が上手な人は「何の」、「誰と」、「どのように」など、5W2Hを活用した質問で相手からうまく話を引き出している。

　職場でも5W2Hを活用して会話をすると、同僚や顧客、協力会社の担当者などとのコミュニケーションが弾む。その結果、現場運営もうまくいくようになる。ぜひとも活用したいものだ

07 心理的ゲームに陥っていないか

　日常的な対人関係で、意識はしていないのになぜか繰り返してしまい、自分にも相手にも嫌な感情を残す――。こんなことがある。ちょっとしたボタンの掛け違いから生じるこんな状況を、精神分析の世界では「心理的ゲーム」と呼ぶそうだ。現場でも、心理的ゲームに当てはまるコミュニケーションがしばしば見受けられる。

心理的ゲームとは何か

親方　「おい、工具を取ってくれ」
職人　「今忙しいので、自分で取ってください」
親方　「私も手が離せないんだ。文句を言わずに取ってくれ」
職人　「はい、はい」（と言って、投げやりな態度）
親方　「何だ、その態度は。だいたいいつもお前は一言多いぞ」
職人　「親方こそ、すぐ説教するから、若いやつが続かないんですよ」

　親方が最初から「今、私は手が離せないので、忙しいところ悪いが、工具を取ってくれないか」と言えば、若い職人も「分かりました」で終わる話だ。しかし、ほんのちょっとボタンを掛け違えただけなのに、後味の悪い感情が残る。現場でもよくある光景だ。

　これが「心理的ゲーム」の例。交流分析で著名なカナダの精神分析医、エリック・バーンが示した考え方だ。その定義をおおまかに引用すると以下のようになる。

　「日常生活の対人関係の中で意識してやろうとするのではないが、繰り返し、繰り返しやってしまって、結果は自分にも相手にも後味の悪い感情を残し、自

分ではまたやってしまったと後悔する。一種の癖と化している一連のやり取り」

　悪い感情を残すようなやり取りをしていては、毎日が楽しくない。心理的ゲームに陥らないで楽しくやる気を持って過ごすことで、効率的な仕事ができる。

抜け出せない落とし穴

　やはり交流分析の分野で知られるスティーブ・カープマンは、「カープマンの三角形」と呼ばれている図で、心理的ゲームを分析した。

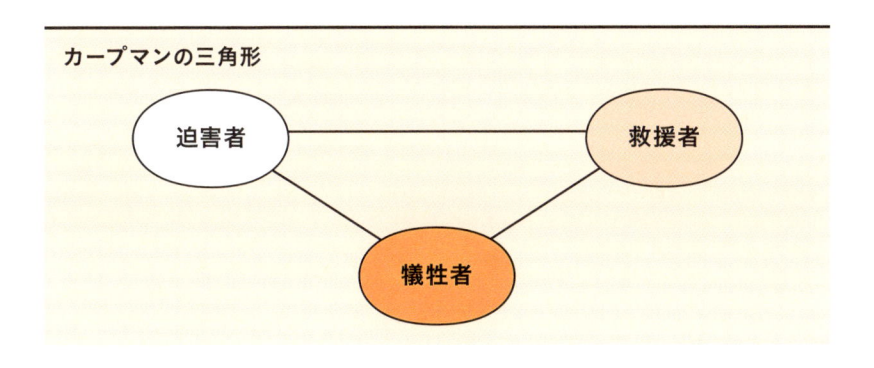

カープマンの三角形

迫害者 ─ 救援者
　　＼　／
　　犠牲者

　この図で「迫害者」とは、ゲームを仕掛ける人。「犠牲者」とは乗せられる人。そして「救援者」とは、「犠牲者」に手を貸して救援しようとする人だ。具体的に現場での会話例をもとに、3者の関係を考えてみよう。

迫害者A　「おい、B。なんだ、この仕事は。もっときれいに仕上げないと、だめじゃないか」
犠牲者B　「すみません」

　　──Bは、同僚のCに相談

犠牲者B　「僕はいつも上司のAさんに怒られるんだ。どうしたらいいんだろう。もう辞めたくなってしまったよ」

> ──Cが「救援者」としてAに言う

救援者C　「Aさん、B君が辞めたいと言っています。
　　　　　　もう少し言い方に気を付けてもらえませんでしょうか」
迫害者A　「Bは、仕事が遅くて汚いので言っているんだ」
救援者C　「Aさんは厳しすぎます。だから社員もバイトの人たちも
　　　　　　すぐに辞めてしまうのです。
　　　　　　こんなことなら、僕もAさんとは一緒に仕事ができません」

　この場合、A、B、Cの誰か一人でもそれぞれの役割（「迫害者」、「犠牲者」、「救援者」）から抜け出すと、ゲームはそこで終了する。しかし、心理的ゲームに陥っていることに気付かないままでいると、ゲームは延々と続く。

どんなパターンがあるか

　心理的ゲームにはいくつかのパターンがある。例を紹介しよう。

「はい、でも…」のゲーム（＝迫害者のゲーム）

部下　「この現場の施工がうまくいかなくて困っています。
　　　　どうすればいいでしょうか」
上司　「○○のように進めれば、うまくいくと思うよ」
部下　「はい、でも○○のように進めると、
　　　　設備の施工とバッティングするリスクが生じます」
上司　「なら、△△の方法はどうだ？」
部下　「はい、でもその方法では、工程が長くなります」
上司　「何を言っても、できない理由ばかり言って否定するんだな。
　　　　やる気がないのか」
部下　「はい、でもやる気はありますよ」
上司　「もういい。勝手にしろ」

この例では、部下が「迫害者」である。上司が怒った段階で、迫害者は、ゲームの意図を成就したことになる。

「ぼくは馬鹿」のゲーム（＝犠牲者のゲーム）

上司　「君、この部分の施工図を書いてくれないか」
部下　「こんな図面は書いたことがないですし、
　　　僕は馬鹿ですからできないです」
上司　「そんなことはないぞ。
　　　先日も良い施工をしたと発注者にほめられたじゃないか。」
部下　「あれは簡単な作業だったので、
　　　誰がやってもほめられますよ。やはり僕は馬鹿です」
上司　「どんな簡単な作業だって、馬鹿ではできないぞ」
部下　「馬鹿だから、本当にできないのですよ」
上司　「君の同僚も、君が優秀だと言っていたぞ」
部下　「それは、同僚に見る目がないんです」
上司　「いくら言ったら分かるんだ。この馬鹿者」

「犠牲者」である部下は、上司に馬鹿と言われて、ゲームの意図を成就したことになる。

「これが最後だ」のゲーム（＝救援者のゲーム）

A　「Bさん、ちょっとお金を貸してくれませんか」
B　「先日も貸したばかりじゃないか」
A　「必ず返すし、これで最後にするからお願いします」
B　「前回貸したときも、これで最後だと言っていたぞ」
A　「今度こそ最後です」
B　「本当に？」
A　「はい、本当です。誓います」

そう言ってAは再びBにお金を借りに来て、Bもまた貸してしまうということを何度も繰り返す。これは、Bさんが「救援者」のゲームに陥っているのだ。

心理的ゲームを終わらせろ

　心理的ゲームを続けていても、いいことは何もない。後味の悪い感情が残り、自分も相手も不幸になる。コミュニケーションを円滑化するうえでは、こうしたゲームを根絶することが大切だ。

　心理的ゲームは自らが相手に仕掛けてしまうパターンだけでなく、相手から仕掛けられることもある。有害無益なゲームを終わらせるには、どうすればいいのだろうか。

　まずは、進行中の心理的ゲームのパターンと関係者それぞれが任じている役割に気が付くことである。心理的ゲームは、自分も相手も無意識のうちに演じている。何気ないコミュニケーションの裏側で、今どんなゲームが進行しているか。自分や相手が「迫害者」、「犠牲者」、「救援者」といういずれの役割を果たしているのかということに気が付くことが必要だ。

　次に行うべきことは、理性を働かせることである。心理学上、人の心には、三つの意識があると言われる。一つは「親」の意識。もう一つは「大人」の意識。そして「子供」の意識である。そして、三つの意識それぞれの傾向や強さは、人によって異なる。
「親」の意識に「権威的」な傾向の強い人は、心理的ゲームで「迫害者」や「救援者」になりがちだ。また「子」の意識に「従順」な傾向が強い人は、「被害者」の役に陥りやすい。

　心理的ゲームを終わらせるうえで、大切なのは「大人」の意識を強くするこ

となのだ。つまり、理性を働かせること。コミュニケーションが心理的ゲームに陥っていることや、自分や相手が演じている役割に気付くためには、感情に支配されず、常に理性で物事を考える習慣を身に付けなければいけない。

08 「知ってもらう」と「分かってもらう」

　自分ではきちんと話したつもりでも相手に伝わっておらず、その結果、仕事がうまくいかないことがある。これは、チーム内で情報が共有化できていないことが原因だ。

情報共有化の重要性

職長　「今日はどうしてもこの作業まで終わらせないといけない。
　　　　残業になるからそのつもりでいてくれ」
職人　「それは困ります。今日の夕方、友人と約束があるのです」
職長　「この現場の工期が厳しいことは、以前話しただろう。
　　　　どうしてそんな時に、個人的な用事を優先するんだ」
職人　「工期が厳しいことは知っていました。
　　　　しかし残業をするほど忙しいとは思っていませんでした」
職長　「現場を見ていれば、残業が必要なことくらい分かるだろう」
職人　「いいえ、分かりませんでした」

　現場でこんなコミュニケーションが続くと、指示を出す方もそれを受ける方も、良い気分にはなれない。伝える方は伝えたつもりなのだが、受けた方はそう思っていない。つまり、情報の共有化ができていないのだ。

　一緒に作業をするチーム内で情報を共有化することは、重要なことだ。例えば当日の作業内容、現場の危険ポイント、並行する他工種の作業内容、全体的な工事の進捗状況、顧客の情報、資材の搬入タイミングなど、全ての作業関係者が理解している必要がある。

　情報共有化が不十分だと、お互いに仕事が非効率的になり、気分も損なわれ

る。どうすれば情報の共有化がうまくいくのか。

情報共有化の3レベル

情報の共有化には、次に示す三つのレベルがある。

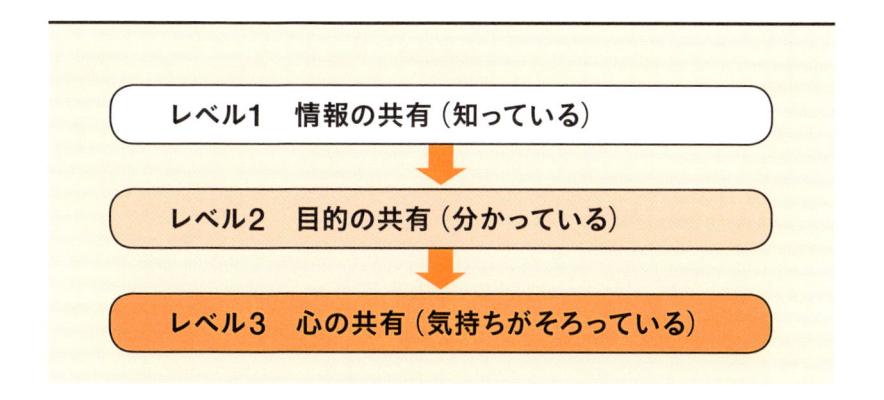

- レベル1　情報の共有（知っている）
- レベル2　目的の共有（分かっている）
- レベル3　心の共有（気持ちがそろっている）

　レベル1は、「事実としての情報を知っている」という段階だ。前述の職長と職人の会話を例にすると、職長は「全体工期が厳しい」という事実を職人に伝えており、職人もそれを知っている。つまり、情報共有化としてはレベル1の段階はクリアしている。

　レベル2では、事実情報だけでなく、意味や目的も共有化していることが求められる。前述の会話に照らすと、この職人が全体工期に関する情報全体だけでなく、作業の目的や意味を理解しており、現場の状況を的確に把握していれば、職長から残業を命じられても素直に作業したかもしれない。これがレベル2の段階だ。

　「この仕事を何のためにしているのか」。それが分かっていれば、多くの人は自主的に行動できる。こまごまと具体的な命令を受けなくても、自ら考えて行動することができるようになるのだ。

そしてレベル3の「心の共有」とは、関係者全員の気持ちがそろっている状態を指す。気持ちがそろうと、例えば上司が焦っている様子なら、部下の方から残業を申し出たり、休み時間を返上して作業を進めたりするようになる。表情を見ただけで相手の心の内が読めるレベルだ。このレベルになると、指示や命令を受ける方も、働くことが楽しくて仕方のない状況になる。

情報共有化のための手法

情報共有化のレベルをできるだけ上げるためには、どうすればいいのだろうか。次の例で、考えてみよう。あなたなら、登場する3人の現場監督の誰に当てはまるだろうか。

現場監督を務める工事現場で、ある設備の大切な部品がなくなってしまった。新しく納入すると日数が掛かるので、工期を守るためにはどうしても、その部品を見つけないといけない。

[現場監督Aさんの場合]

Aさんは、自ら現場で探し始めた。現場が広いので、1人で探してもなかなか見つからない。

[現場監督Bさんの場合]

Bさんは、部品の形や外観を細かく伝えて、現場の職員や作業者たちに探すように指示した。しかし皆、それぞれに自分の仕事が忙しい。部品探しにやる気がなく、大して探しもしないで「ありません」と答えた。

[現場監督Cさんの場合]

Cさんは、まず現場の全員集めた。その部品が見つからないと、工事がどうなるのかを説明。その部品を用いて作業するはずだった担当者から全員に、部品の特徴をきめ細かく伝えてもらった。そのうえで、その場にいた全員に、自

由に質問してもらった。議論を通じて全員で情報を共有化したのだ。

　そしてCさんは改めて皆に、「では、どうしたらよいと思うか」と聞いた。捜索範囲の分担など、対策が決まった。Cさんが号令を掛け、それぞれが担当範囲に向かった。情報を共有したので興味が沸き、皆がすっかりやる気になったのだ。その結果、部品はたちまち見つかった。

　Cさんは皆に礼を言った。全体のチームワークは、これを機に一気に良くなり、結果として工期を守ることができた。現場の全員が達成感を味わった。

　言うまでもなく、ベストはCさんのケースだ。行動の目的や意味を相手に十分に伝え、さらに発言の機会を設けるなどして相手の当事者意識を高める。「知ってもらう」だけでなく、「分かってもらう」こと、さらに全員の「気持ちをそろえる」ことで、真の意味での情報共有化が実現できるのだ。

09 「聴く」ことが活気を生む

　コミュニケーションの基本は、相手の話を「きく」ことだ。上手に「きく」ことで相手との相互理解が深まり、自分自身を理解してもらうこともできる。そして「きき方」にも、技術があるのだ。

「きく」には2種類ある

　「きく」は、コミュニケーションの基本。話し手に気持ちよく話してもらうためには、いかに上手に「きく」かが重要だが、実は「きく」には2種類ある。
　まずは「聞く」。音として耳に入ってくるという状態を指す。耳に入る言葉は分かるが、その意味や目的までは理解していない。車が走る音や周囲の騒音が耳に入る状態も、「聞く」だ。
　もう一つは「聴く」。相手の言葉を言外の意味や背景にある目的、話し手の気持ちなどまで推し量って理解しようとする状態と言える。「上手なきき方」とは、「聴く」ことなのだ。

上手に「聴く」ための基本ジェスチャー

　相手の話を上手に「聴く」ためには、身体全体を使わなければならない。応対の基本的なジェスチャーは次の通りだ。

1. 目を見る	話している相手の目を見つめる
2. 傾聴する	耳を傾ける
3. 相づち	声に出して応対する
4. うなずく	顔全体で応対する
5. 姿勢、足	体全体で応対する。足の姿勢も重要

基本ジェスチャーの中で「相づち」は、さらに次の五つの種類がある。上手な相づちは、顕在意識だけでなく、潜在意識をも呼び起こし、相手の心を開かせるきっかけとなる。

1. 基本	はい、ええ
2. 反復相づち	○○ですね（相手の話を反復）
3. 肯定相づち	なるほど、おっしゃる通りです
4. 感嘆相づち	はぁ～?（疑問） ひぇ～（驚き） ふうん（同意、理解） へぇ（納得） ほぉ（関心、感嘆）
5. まとめ相づち	ということは○○ですね

こんな「聴き方」を心掛けよう

　Aさん、Bさん、Cさんはいずれも建設会社の現場担当者だ。3人とも仕事が遅く、いつも上司に怒られている。3人はそれぞれ異なる現場を担当していたが、ある日そろって工事は完成。顧客の評価はいずれも上々だった。3人はそれぞれ上司に報告に行った。

　Aさんが「工事が無事竣工しました。顧客にも良い評価をいただきました」と報告すると、上司はちょうどその時、書類を作成中。Aさんの報告に、「あ、そう」とだけ応じた。

　Bさんの上司も急ぎの書類を作成中だったが、その手を休めて話を聞き、Bさんにこう言った。「B君の頑張りは認める。でも、君の同期や後輩には、いつも顧客の評価が高く、しかも利益を君の2倍も出している優秀なやつだっているんだぞ」。Bさんはふてくされた。

Cさんの上司も書類を作成中だった。その手を休めて顔を上げた上司は、Cさんの輝く目を見た。その時、上司はCさんの気持ちが分かった。心の中で『いつもよりも頑張ったんだな。上司である私に認めてもらいたいのだな』と思った上司は、次のようにCさんに声を掛けた。「おめでとう。C君が頑張ってくれたから、顧客の評価も高かったんだね。さらに○○に気を配ったら、今度はもっと良い評価が得られると思うよ」

　さて、あなたはどの上司のパターンだろうか。人は誰でも、話を「聴いて」もらい、認めてもらうことでモチベーション（やる気）が上がる。もっと頑張って、良い職場をつくろうと思うものだ。「いかに聴くか」で、やる気が生じ、活気のある職場となる。

10 リーダーのコミュニケーションスキル

現場のリーダーは組織やチームを管理する立場の人でもある。「管理者」としても不可欠な能力の一つが、コミュニケーションのスキルだ。リーダーシップを発揮するために必要な能力について確認したうえで、コミュニケーションのスキルについて考えてみよう。

管理者に必要な三つの能力

管理者のうち、特に組織の中間に位置する層は、とても重要な役割を担っている。管理者がリーダーシップを発揮すれば、発展する組織になり得る。しかし、多くの会社では、課長や部長といった役職が付いていても、実際には一般社員と同じ仕事しかしない"管理者もどき"が多い。

それでは、管理者に必要な能力はなんだろうか。次の三つがあげられる。

1. テクニカルスキル（技術的能力）
2. コンセプチュアルスキル（理念形成能力）
3. コミュニケーションスキル

まず「テクニカルスキル（技術的能力）」とは、仕事を実施する能力だ。管理者たる者、一般社員と同等か、それ以上に仕事ができないといけない。建設工事なら技術的な知識、工事や設計などの経験や技能がテクニカルスキルに当たる。「後ろ姿で部下を育てる」という言葉があるが、テクニカルスキルを持つ管理者が仕事をしている後ろ姿は、他の何にも増して強い影響力がある。

次に「コンセプチュアルスキル（理念形成能力）」とは、トップの理念や方針を理解し、それをもとにチームの方針を構築する能力だ。トップが、例えば本年度の方針として「全員営業の推進」と発表したとしよう。工事部門の管理

者なら、それをもとに「現場における顧客接点を増やし、営業力を強化する」などと、部門として具体的な計画を示さなければならない。

「正しい行いをする人は、命令しなくても人は従うが、行いが正しくなければ、命令しても人は従わない」という言葉がある。つまり正しい理念を構築しさえすれば、部下は黙ってついてくるということだ。実際には、いくら正しい理念を構築しても部下が黙ってついてくるとは限らない。しかし誤った理念を掲げたら、部下は絶対についてこない。このように正しい理念を構築する能力を身に付けることがとても重要なのである。

最後に「コミュニケーションスキル」とは、計画をまとめる際には部下の意見に耳を傾け、さらには、まとめた計画を部下に伝えて理解させるための能力だ。経営とは、「トップの考えを組織全員の協力で実現すること」である。管理者が部下の協力を得ることはそれだけ重要であり、だからこそコミュニケーションスキルが欠かせないのだ。

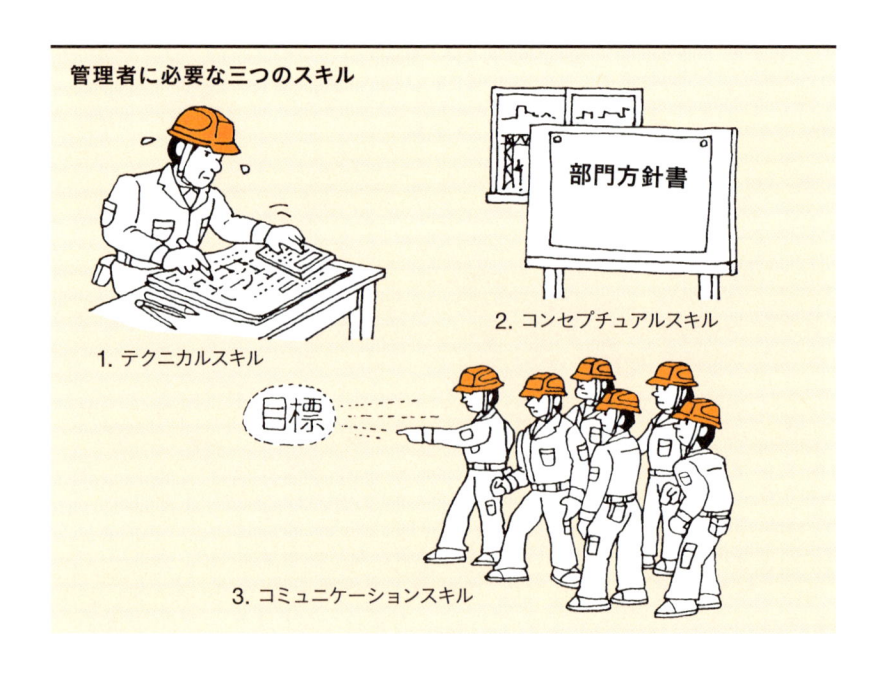

管理者に必要な三つのスキル

1. テクニカルスキル
2. コンセプチュアルスキル
3. コミュニケーションスキル

CHAPTER 1

コンセプチュアルスキルとコミュニケーションスキル

多くの会社では、テクニカルスキルが高い人が管理者として選出されがちだが、その一方でコンセプチュアルスキルやコミュニケーションスキルが十分でない人も少なくない。社員教育でも、テクニカルスキルの向上に向けて資格に関する研修や、現場でのOJTに力を入れる会社はよくある。しかし組織やチームとしての方針を策定するコンセプチュアルスキルや、コミュニケーションスキルを磨くための教育はおざなりになりがちだ。

管理者のコミュニケーション

管理者に求められるコミュニケーションスキルには、大きく2種類がある。一つは集団に対するスキル、もう一つは誰かと個別に対応する際のスキルだ。

集団におけるコミュニケーションスキルから考えてみよう。

管理者「この現場の工期は遅れており、非常に厳しい状態だ。しかし、何とか乗り切って工期を守りたい。そのためには皆の協力が欠かせないんだ」
部下　「工期が遅れたのは、管理者の○○さんの責任ではないですか」
管理者「工期遅れは、管理者である私の責任であることは認める。しかし、ここはみんなで力を合わせてこの難局を乗り切ろうじゃないか。」
部下　「よし、みんなで力を合わせて頑張るぞ。おー!」

この例のように、上司が自ら腹を割って訴えかけることで集団を巻き込む力こそ、管理者としてまず必要なスキルだ(集団巻き込み型コミュニケーションスキル)。コーチングのテクニックなどでは、英語で「登録する」や「入会させる」の意味に当たる「エンロール」という言葉を使う。こちらの訴えかけに対して、コミュニケーションの相手が価値や魅力を見出し、自ら主体的・積極的にこちらが求めることに取り組むような状態を指す。次に、個別の相手に

対する際のスキルについて考えてみよう。

管理者　「○○現場で起きたクレームの原因を聞かせてくれないか」
部下　　「協力会社に対する私の指示ミスが原因です。
　　　　しかし、協力会社も悪いと思うのですが…。どう思いますか?」
管理者　「なるほど、君のミスも原因の一つだね。問題を処理するうえでは、協会会社のせいにしないで、自ら主体的に仕事をする方がいい結果を生むことが多いと思うよ。社長も日ごろから、『ミスは誰にでもある。しかし、ごまかしや責任逃れはいかん』と言ってたよね」
部下　　「そうですね。分かりました」

　この例のように、個別の相手に対しては、まずはその言い分をしっかり「聴く」。それらを全てを受け入れたうえで、アドバイスを投げ掛けて相手の気持ちを前向きに変える。そうしたスキルが必要だ（個別対応型コミュニケーションスキル）。

　管理者がリーダーシップを発揮するには、集団と個人それぞれに応じてコミュニケーションスキルを使い分けることが重要だ。自分のチーム内だけでなく、組織のトップと末端社員の意思疎通をつなぐ役割も意識しながら、コミュニケーションを深めるようにすべきなのである。

CHAPTER2
レスポンスが早い現場をつくる

01 部下の自主性を高める

02 葛藤処理スキルとクリティークスキル

03 チーム外の味方を粗末にするな

04 「ワンデーレスポンス」はなぜ必要か

05 迅速な返答の実践方法

06 リーダー個人に不可欠な資質とは

Yup!

01 部下の自主性を高める

「ろくな部下がいない」と嘆くリーダーがいる。しかしこれは、自分のことをけなしているようなものだ。チョウは花に、ハエは汚物に集まるのが自然の摂理である。いい部下に集まってほしければ、リーダー自身が「花」にならなければいけない。組織とは、リーダー以上の器にはなり得ないのだ。

リーダー自身が花になるとは、何も「ギンギラギンに着飾れ」といった意味ではない。組織内のコミュニケーションを活性化するために、要石としての役割を果たすという意味である。具体的に、部下とのコミュニケーションを円滑化するためのコツを考えてみよう。

自主性が欠ける部下をどう指導するか

「言ったことしかやらない」、「何でも質問してくるのはいいが、自分で考えることをしない」、「すぐに周りの先輩や上司に頼ろうとする」。部下などに日ごろからこんな不満を抱くリーダーは、少なくないだろう。こうした部下とどう付き合えばいいか、ポイントは二つある。

1 指示・命令は必ず「Why」と「What」を伝える

まずは、上司から部下への指示・命令の仕方を見直す必要がある。When(いつ)、Where(どこで)、Who(誰が)、How(どのように) という単なる具体的行動を求める命令ばかりでは、部下は自分の頭で考えなくなる。

部下自身に「どのようにすればいいかを考えてもらうためには、Why(なぜ＝行動の目的) やWhat(なにを＝行動の対象) を伝えるようにするのだ。人は誰でも、WhyやWhatを理解すれば、具体的に行動するうえでの段取りや手段・方法 (When、Where、Who、How) を自ら工夫できるようになる。これが

自主性を発揮する端緒になる。

> × 今すぐ（＝When）現場に（＝Where）行って、職人さん（＝Who）と打ち合わせをしてきなさい（＝How）
>
> ○ 今回の工事は表面仕上げの方法（＝What）が、通常の仕様に比べて複雑なので（＝Why）、注意して施工してほしい

自主性が欠ける部下を指導する時

上司Aさん：目的は～（Why）対象は～（What）

部下B君：目的と対象が分かると、仕事にやる気が出てきたぞ

2 管理者が部下に関心を持つこと

　次に大切なのは、管理者自身が部下に関心を持つことだ。ある陸上選手の話だが、例えばその種目の日本公式ベストに迫るタイムが出た時、コーチから「新記録まであと〇秒だ」と励まされるより、「自己ベストを更新したぞ」と言ってもらう方がうれしかったという。コーチが自分の過去の成績をよく覚えていてくれることがうれしく、それが励みになったそうだ。

　管理者が個々の部下を指導する際にも、ただ「いい仕事をしろ」とか、「資格試験の勉強をやれ」と押し付けるだけではだめだ。

「君が現場代理人を務めた前回工事は、評点78点だったな。なかなか良かった

と思うよ。でも今回は、ひと味違う創意工夫の提案を出してさらに高い点を目指そう」

「君が取り組んでいる資格試験だが、安全管理の分野がまだ弱いように思えるな。労働安全衛生法の知識を集中的に強化した方がいいよ」

このように、一人ひとりに対して「私はあなたに関心を持っている」ということが分かるように話し掛けることが大切だ。

相談してくるのが遅い部下

「部下からの相談が遅くて困っている。どうしようもないタイミングで相談を持ち掛けられても、手の打ちようがない」。こんな部下には、どう対応したらいいのだろうか。

対処策として最も有効なのは、部下の相談に対して、上司などリーダー自身が日ごろから即答を習慣付けることである。部下に早いタイミングで相談してもらう環境をつくるには、まずは上司であるリーダーが早く返答する行動パターンを習慣化することが大切なのだ。

部下の身になって、考えてほしい。相談を持ち掛ける部下は、上司に正しい判断と同じくらい迅速なレスポンスを求めている。いつも返答が遅い上司に対して部下は、「どうせまた…」と相談が遅れがちになるのだ。

産業界の様々な分野で現在、「ワンデーレスポンス」の実践を推進する活動が広まっている。組織の内外で生じる質問や問い合わせ、相談などに対して、1日（ワンデー）以内で応じる（レスポンス）という行動だ。

建設工事で言えば、近年は工事原価がますます厳しくなり、当初予定していたコストをオーバーして赤字に陥るケースが各所に見られるようになっている。

コストオーバーの原因として、ばかにできないのが、資材などの余分な手持ちや作業の手戻りといった無駄だ。

　手持ちや手戻りがなぜ生じるか。最もポピュラーな理由は、発注者、設計者、協力会社といった外部関係者との間や、現場組織内部で生じる相談・依頼への互いのレスポンスの悪さである。逆に言えば、即答（ワンデーレスポンス）は、ムダ取りそのものであり、原価低減にもつながるのである。

　過去は変えられないが、未来は変えられる。他人は変えられないが、自分は変えられる。リーダーとして、組織内のコミュニケーションがうまくいかないことを部下のせいにしても、明るい未来はない。まずは自らが日常のコミュニケーションを見直し、改善できることはすぐに行動に移すことが大事。行動こそ、自分や周囲の人の意識を変え、人間関係の中に良き習慣が生まれる。

02 葛藤処理スキルと クリティークスキル

　コミュニケーションの阻害要因に対して、組織のリーダーはどのように対処すべきか。そのための能力は、おおまかに<u>葛藤処理スキル</u>と<u>クリティークスキル</u>の二つに分けられる。葛藤処理スキルとは社内外の葛藤を処理していく能力。クリティークスキルとは、適切にほめたり叱ったりする能力のことを意味する。

「外的葛藤」と「内的葛藤」

　まずは葛藤処理スキルについて、考えてみよう。コミュニケーションの阻害要因としての「葛藤」には、外的葛藤と内的葛藤とがある。外的葛藤とは、人と人が互いに譲らず対立していがみ合うことだ。他方、内的葛藤とは、自分の心の中に相反する動機や欲求、感情などが存在し、そのいずれを選ぶかで迷うことである。

　まず外的葛藤について。外的葛藤を処理するには次の三つの行動を取らねばならない。

他者理解

　自分と相いれない相手の意見にも耳を傾けること。まずは前章で触れた「聴く」ことから葛藤処理が始まる。

徹底討論

　積極的に討論を行い、集団を構成するメンバーと意見を交わす。互いに「聴く姿勢」を持つと同時に、自分の意見を発表し合う。特にリーダーは、他のメンバーから「何を考えているのか分からない」と言われるようではいけない。

意見調整

　第三者的立場に立ち、出された意見をまとめ、集団として共通見解に至るよ

うに調整する。相手の意見と自分の意見をホワイトボードなどに書き出して、論点のずれなどを参加者全員で共有しながら議論することが重要だ。

次に内的葛藤について。内的葛藤の状況を理解するうえで、例え話をしよう。

オオカミとヤギがいて、2匹はとても仲が良かった。ある時、食べ物がなくなり、空腹のオオカミはヤギを見ておいしそうに感じてしまう。しかしヤギは友達だ。「友達を食べることはできない」という感情と「食べて空腹を満たしたい」という欲求が交錯する…。

これが内的葛藤だ。「義理と人情の板挟み」などというのも、こうした内的葛藤の例に当たるだろう。では、内的葛藤を解決する能力とは、どうやって身に付ければよいか。その答えは三つある。「人から学ぶ」、「本から学ぶ」、「体験から学ぶ」の三つだ。

人から学ぶとは、多くの人と積極的に会い、講演会などに参加し話を「聴く」ことである。
本から学ぶとは、伝記や小説などから様々な成功例、失敗例を学び、自らの今の状況に照らし合わせることである。
体験から学ぶとは、自らできるだけ多くのことに実際に取り組んで学ぶ姿勢である。仕事に直接関わることだけでなく、例えば旅行などを通じて新たな見識を広げるなども、これに該当する。

これら三つを通じて常に学ぶ姿勢を持ち続けていると、自分自身の経験の積み重ねによって一種の"勘"が働くようになる。"勘"が機能し始めると、内的葛藤を自らスムーズに解決して、物事を迅速に決断できるようになる。逆にそれができない人は、いつまでもずるずると悩み続けるのだ。

ほめて、叱って、任せて、信じる

次にクリティークスキルについて、考えてみよう。「クリティーク」とは、チーム行動をじっくり見直し、改善すべき点を確認する一連の活動を意味する。

集団で力を合わせて共通の目標を達成していくうえでは、いろいろな阻害要因が現れる。そうした阻害要因をきめ細かく見つけて、克服していくということも、組織の管理者にとって重要な役割だ。

プロ野球のある投手コーチの話をしよう。自分自身も現役選手時代に数々の記録を達成し、コーチとなってからの教え子には、米国のメジャーリーグに挑戦するようなスーパーエースもいる。

指導に際してこのコーチは、対象の投手に付きっきりで、全ての投球について本人にコメントするという。「今の球はいいぞ」、「今のはだめだ。ひじが下がっている」、「よし、今度はいい」、「球を離すのが早すぎるぞ」といった具合いだ。

このコーチによれば、投手というのは練習で投げ込んでいると、次第に投球の良しあし（ど真ん中に投げるという意味ではなくバッターを打ち取るために良い投球かどうか）が分からなくなりがちだという。そこで1球ずつ、良しあしを評価してあげると、良い球を投げたときの感覚を自覚するようになり、結果として良い球を投げる確率が増えてくるというのだ。

この投手コーチの行動がまさに「クリティーク」で、組織や集団の管理者に必須の能力だ。構成メンバーそれぞれに対する日常的な「クリティーク」は、組織や集団内部のコミュニケーション阻害を打破するうえで極めて有効な手段になり得る。ただしこのコーチのように相手に全力で関わらないと、相手の行動の良しあしは見えてこないし、相手が納得するだけの説得力を持てない。適当に付き合っているだけではできないのである。

旧海軍の連合艦隊司令長官だった山本五十六は、次のような言葉を残している。とても有名な言葉だ。

「やって見せ、言って聞かせて、させてみて、ほめてやらねば、人は動かず」
「話し合い、耳を傾け、承認し、任せてやらねば、人は育たず」
「やっている、姿を感謝で見守って、信頼せねば、人は実らず」

最初の言葉は「ほめ方」、二番目は「任せ方」、三番目は「信頼」がキーワードである。これら三つのキーワードこそ、クリティークスキルの要諦でもある。

「ほめ方」は、裏を返せば「叱り方」でもある。適切にほめられ、叱られて、人は自立する。そして、任されてこそ人は成長する。さらに大きく飛躍してもらうために必要なのは、絶対的な信頼と見守る姿勢だ。この三拍子がそろったとき、人は一流になれる。これが管理者に求められるクリティークスキルの本質なのである。

組織のリーダーは、バレーボールで言えばセッター。あなたが管理する組織の構成メンバー（部下など）はアタッカーだ。あなたがボールをトスしても、アタッカーが失敗することもあるだろう。それでも辛抱強く1球1球ほめたり、叱ったりするのである。そして「思い切り打てばいい。ブロックされたら俺が拾ってやる」とアタッカーに攻撃を任せて、信頼する。丹精を込めてトスを上げ続けてこそ、相手は育ってくれるのだ。

03 チーム外の味方を粗末にするな

　現場を担当するチームの外部にも、たくさんの"味方"が存在する。会社組織で言えば、社内だけでなく社外にもいる。これらと上手に付き合うコミュニケーション術も、リーダーに不可欠な能力だ。その能力について考えてみよう。

営業部門とのコミュニケーション

　一定の規模を超える建設会社では一般に、営業担当の部門を設けている。施工部門と営業部門とのコミュニケーションが悪いためにトラブルやクレームが発生するケースは珍しくない。経営者がトップ営業と称して、事実上の営業担当を務めた結果、同様のトラブルが生じることもある。

　建設産業で仕事をする人にとって、分業化は今や当たり前の状況。しかし顧客など外から見る人にとっては、必ずしもそうではない。外から見れば、会社という組織が一体で取り組んでくれていると捉える方が普通だ。担当部門によって見解が異なるなど、組織内のコミュニケーションが悪いと顧客にも迷惑が掛かるうえに、無駄なコスト発生につながることも少なくない。

　組織内で担当が異なる部門同士のコミュニケーションを風通し良くするためには、個人任せではだめだ。組織内の仕組みとして、情報の未達や行き違いなどが起こらないシステムを構築する必要がある。では、具体的にどのような状況下で両者に行き違いが生じるのか。営業部門と施工部門で生じがちな情報の行き違いを次に挙げる例で考えてみよう。

——営業担当者と顧客

営業担当者　「（顧客に対して）この工事は当社が自信を持ってやらせていただきます。よろしくお願いします」

顧客　　　　「どうしても◯月までに竣工させたい。できますか」
営業担当者　「当社の技術力なら間に合います」

───営業担当者が施工担当者に伝達

営業担当者　「この案件は、顧客が◯月までに竣工させたいというご要望です。よろしくお願いしますね」
施工担当者　「◯月までなんて無理ですよ。資材も人手も厳しい状況を分かっているでしょう。この予定に、プラス3カ月はみてもらわないと…」
営業担当者　「いまさら顧客にそんな話はできない。もっと早く教えてくださいよ」
施工担当者　「そっちこそ、もっと早く相談してくれればいいのに…」

　この手の行き違いは、特に民間工事の分野でしばしば生じる。ほかにも、例えば積算担当者と施工担当者の行き違いで積算漏れが生じるなど、似たようなトラブル例はたくさんある。

　行き違いの結果、作業の手戻りや手直し、手待ち（着工してもすぐに仕事ができない状態）などの発生につながり、それはコストに跳ね返ってくる。ペナルティーを含めて、コスト増分を負担するのは大概、受注者だ。顧客の信頼や評価も低下する。民間工事では完成後のリピート受注や紹介受注が見込めなくなるだろうし、公共工事なら工事の成績評定が下がるなどのデメリットが生じる。当然だろう。

組織としてできること

　担当が異なる部門同士で生じるコミュニケーション上の行き違いは、どのように対処したらいいか。組織全体として、まずは次のような仕組みを導入することが欠かせない。

1 顧客窓口は一元化する

　顧客対応は、常に特定の担当者が手掛けるようにする。建設工事では一般には、営業、設計、施工のほか、民間工事なら引き渡し後のアフターフォローといったように、段階に応じて担当者が変わるケースが多い。

　それ自体が悪いというわけではないのだが、どの段階でどんな人が担当するのか、社内で役割分担をしっかり決めたうえで、それを顧客にもきめ細かく伝えることが必要だ。

2 会議での情報共有は万全に

　工事部門が営業部門など他の担当部門を交えて行う会議は、情報共有の場として極めて重要だ。建設会社の場合、工事の受注前から「検討会」などと称する部門横断の全体会議をしばしば開く。

　そうした場で必ず確認すべきことは、「誰が何の担当なのか」だ。工事が完了するまで顧客に対して「担当者が誰か」が曖昧になるタイミングが一瞬たりともあってはならない。異動時などの引き継ぎを含めて、それぞれの責任の所在をしっかり明らかにしておくことも会議の役割である。

3 顧客にきちんと紹介する

　段階に応じて顧客に対してメーンとなる担当者が変わる場合は、それを顧客にタイムリーに伝える必要がある。状況によっては、直接の顔合わせもした方が望ましい。大切なのは、顧客に安心感や信頼感を持ってもらうようにすることだ。顧客とのコミュニケーションが円滑化するので、行き違いから生じるトラブルは格段に減少する。

組織としてこのような仕組みを設けるのは、最低限の取り組みだ。実際にそれらを効果的に運用しなければ、全く意味はない。つまり、組織を構成する個々のメンバーの意識が最も重要なのだ。こうした仕組みを運用することに、どんな意味があり、どんな効果を期待できるのか、全員にしっかり浸透させることが大前提になる。

協力会社などとの行き違いに潜むリスク

 工事では、専門工事会社など外部の力を借りて役割を分担する場面がたくさんある。それらとのコミュニケーションの良しあしも、工事の品質を左右する。
 コミュニケーションがうまくいっているときに期待できる最大のメリットは、簡単に言えば「良いモノが安く早く安全にできる」ということである。その一方で多くの現場では、重層的な元請け・下請け関係などが阻害要因となって、あまり上手なコミュニケーションがなされていないケースも珍しくない。うまくいっていない現場では、無駄なコストアップが生じたり、事故につながったりするトラブルが生じやすい。

 そうした外部からの協力者とのコミュニケーションで大切なのは、先述した社内の他部門とのそれと同じく、情報の行き違いが生じない仕組みを構築することである。外部協力者を"味方"にするための仕組みである。個人任せにして

おくのが、最も危険なのだ。
　具体的にどのような行き違いが生じ得るのか、次の事例をもとに考えてみよう。

── 工事開始前の段階

元請け会社の担当者A　「○○工事の見積書を作成してください」
専門工事会社の担当者B「分かりました。施工条件はどうなっていますか」
元請け会社A　　　　　「まあ、いつものように考えておいてください。
　　　　　　　　　　　不明な部分は、Bさんの判断にお任せしますよ」

── 専門工事会社のBは帰社して上司のCに報告

B 「△△社のAさんから○○工事の見積書を依頼されたんですが、『不明なところは判断を任せる』と言われて…」
C 「Aさんは、我々のような専門工事会社とのコミュニケーションが雑なんだよね。現場に乗り込む日程が直前まで決まらないことも多いし、作業予定の前日に突然中止の連絡があったこともあるんだ。現場に入っても材料が来てなかったり、他の工種とかち合って作業効率が悪くなったり、資材置き場が確保されていなくて大騒ぎしたこともあるよ。だから見積もりでは、あらかじめこうしたロスを勘定に入れておかないと、こっちが赤字になるぞ」
B 「なるほど…。同じ会社でも、Aさんの同僚のDさんは情報をきめ細かく伝えてくれるから、安い金額でこちらも利益を確保できる見積書を出せるんですがね（苦笑）」

元請け会社の担当者が雑だと…

工事担当者のAさんはコミュニケーションが悪いので、そのロスを見込んだ見積もりにしよう

協力会社 担当者Bさん
協力会社 上司Cさん
工事担当者Aさん

元請け会社の担当者がきめ細かいと…

工事担当者のDさんは工事の発注が早いし、そのうえ、問い合わせに対する返答は、必ず翌日にくれる。だから仕事がスムーズにいくんだ。

協力会社担当者Bさん
工事担当者Dさん

　専門工事会社で職長を務める職人から、次のような本音を聞いたことがある。
「いくら仕事を発注してくれるといっても、予定がはっきり見える方を優先するね。相手方（元請けなど）の担当者によっては、工程表すら渡してくれなかったり、現場に入る前日まで細かな内容などの連絡が全くなかったりする人も

いる。設計変更や追加工事でも、間際になって急に伝えてくる担当者なんかもいるよ。こちらも急には対応できないんだ。『予定が読めない仕事』は本当に嫌で迷惑だ」。

　この人によれば職人の誰もが、名前を聞いただけで「まずいな、あの人が現場担当か…」と警戒する存在が多かれ少なかれ思い浮かぶはずだという。近年は技能者も人手不足に拍車が掛かり、腕の良い職人を確保するのは全国的に至難の業と化している。まして担当者自身が敬遠されるようなら、クオリティーの高い職人を集めることなど不可能に近いはずだ。

　建設会社にとって、下請け会社などの立場で現場に入る専門工事会社は、工事を遂行するうえで大切な「戦力」である。さらに言えば、工事という目的を完遂するうえでは、発注者にしても本来味方なのである。

　こうした組織の外にいる味方とのコミュニケーションが悪いと、お互いの信頼関係が培われず、常に相手の腹を探り合うような状況になってしまう。
　そうした状況では、前ページの事例で挙げたように、下請け側は見積書をできるだけ自社に安全な金額（つまり高め）で出してくる。着工後も、手戻りや手直し、工事の遅延などが発生しやすくなり、それはコストに跳ね返る。その結果、特に元請け会社にとっては利益率の低下、下手をすると赤字化を招くことにつながってしまう。

"味方"をつくるコミュニケーション

　専門工事会社など組織外から現場に入る人たちを味方にするコツとは、どこにあるのか。ここでも重要なのは、コミュニケーションの仕組みを構築することにあると言える。前述したが、個人レベルの取り組みにとどめていてはいけないのだ。具体的なポイントとしては、次の三つを挙げることができる。

1 発注や情報共有の早期化

　元請け会社から下請け会社に対しては、まずはできるだけ早い段階で発注することが大切。発注のタイミングが早ければ早いほど、互いに事前準備がしっかりできる。

　合わせて情報共有もきめ細かく行うことが肝要だ。下請け会社からの問い合わせには、できるだけ迅速に回答する。問い合わせに対応することを面倒と感じてはだめ。それだけコミュニケーションの機会が増えて、互いの意思疎通を深められると捉えるべきなのだ。

2 情報をできるだけ「見える化」する

　「味方にする」といっても、元々は互いに違う組織の人間同士だ。「伝えたつもり」、「理解したつもり」でも、捉え方の違いから誤解が生じている場合もあるだろう。そこで、共有すべき情報はできるだけ「見える化」する。

　例えば、工事現場ではしばしば、大きなパネルに工程表を掲示したり、場内の関係者全員の顔写真を貼り出したりしている。これらも、見える化の分かりやすい例だ。大きな現場では、近隣住民などへの広報も兼ねて、現場のニュースレターなどを定期的に発行しているところもある。こうした取り組みも、現場における情報の見える化に効用が見込める。

3 顔を付き合わせて話す機会を設ける

　工事現場では通常、朝礼や工程会議といった機会があるが、どの程度の頻度で行うかは、同じ建設会社でも工事所長など管理者によって結構異なる。協力会社など外部から現場に入っている人たちを含めて全体のコミュニケーションを良くするという観点からは、もちろん多い方がいい。会議だけでなく、懇親会などレクリエーションの要素が強い集まりもできるだけ設けた方がいい。

　こうした集まりを設けるうえで大切なのは、ある程度定例化すること（その場限りと思わせない）と、1回当たりの所要時間よりも開催回数に重点を置くこと（長い会議1回より、短い打ち合わせを数回）である。

先述したように、こうした仕組みをつくるだけでは不十分である。仕組みの意図や目的を関係者全員にしっかり伝え、一人ひとりの意識向上を促すことが、効果的な運用という点で欠かせない。

情報をできるだけ見える化する

日ごろのコミュニケーションだけでなく、目で見て現場の様子が分かるので安心だ

04 「ワンデーレスポンス」はなぜ必要か

　工事現場では、様々な場面で関係者間の「相談」や「問い合わせ」が生じる。元請けの建設会社は発注者や設計監理者に、専門工事会社は元請け会社に対して、そして各者の内部でも部下が上司に対してといったように、それぞれの返答を踏まえて具体的な作業が進んでいく。

　建設産業の分業化が進展するにしたがって、関係者間の調整案件も増えた。逆に言えば、返答の早さや正確さは工事の品質に直結すると言っていい。返答が遅れたり適切でなかったりすることは、工事の遅れや無駄なコストアップなどを招くリスクが高いのである。

遅い返答はコストに跳ね返る

──職人Aが専門工事会社の担当者Bに相談

職人A　　　　「(施工箇所で図面を示しながら) ここは、現況と図面が違う。これでは図面通りに施工できないよ」

専門工事会社B　「分かった。元請け会社に相談するから、この箇所は作業を止めておいてくれるか」

職人A　　　　「そうか…。できるだけ早く返事をくれよ」

──専門工事会社Bが元請け会社の担当者Cに相談

専門工事会社B　「(図面を示して) この箇所は現場の状況が悪くて図面通りに施工できません。どうしたらいいですか」

元請け会社C　　「発注者や設計部門とも調整が必要だな。少し時間をくれ」

――3日後、職人Aが専門工事会社Bに返事を催促

職人A　「Bさん、いつまで待たせるつもりだい。こっちは来週、次の現場の予定が入ってるんだよ」

専門工事会社B　「元請けのCさんからまだ返事をもらえないんだ。悪いけど、もう少し待ってくれないか」

――専門工事会社Bは再び元請け会社のCのところへ…

専門工事会社B　「Cさん、先日相談した件、3日たちますがその後、どうなりましたか。相談した日以降、工事を止めているのですが、このままだと工程全体に影響が出ます」

元請け会社C　「発注者からまだ返事をもらえないんだ…。申し訳ないけど、もう少し待ってくれないか」

　工事現場では時々、こんなやり取りが生じる。影響を被るのは職人のAさんや専門工事会社のBさん。手待ちが発生している分だけ労務費が余分に掛かる。それらは全体の工事費にも影響する。
　こうしたケースが重なるとAさんのような職人は、発注者や元請け会社をみて、見積もり段階からあらかじめ一定の手待ち費用を勘定に入れるようになる。その費用を負担するのは、元請け会社であり、発注者であるのだ。

あなたはどのタイプか

　返答には、早さと正確さが必要と言った。両方を兼ね備えていれば問題はない。両方がなければ問題外。多くの人は、いずれか一方が不十分であることが多い。課題の所在を把握することがまずは第一歩で、そのためには、自分の行動パターンを知ることが大切だ。
　次に挙げるのは、自己診断のための簡易テストだ。あなたは、果たしてどのようなタイプだろうか。

下の「正確さに関する診断項目」、「早さに関する診断項目」それぞれについて、自分に当てはまると思われる選択肢を選んでほしい。選択肢には0〜5点の点数配分を設けている。それぞれの診断に関して、合計点を算出するのだ。

「正確さ」に関する診断項目	自己採点
丁寧に確認してから返答をする方だ	
必ず二度以上見直しをする	
真偽の曖昧なことは返答したくない	
調査や他人との調整に時間を費やす方だ	
後から誤りを指摘されることは許せない	
合計（点）	

「早さ」に関する診断項目	自己採点
返答期限は必ず守る	
確認不十分であっても時間を守ることを優先させる	
返答が遅れることはコストアップにつながると認識している	
返答を早くすることで自らの能力向上を果たすことができると信じている	
自分自身の仕事よりも、相談者の仕事が予定通り進むことを優先させる方だ	
合計（点）	

[**診断項目に関する選択肢と配点**]
常にその通りだ ………… 5点
時々はその通りだ ……… 4点
その通りだ ……………… 3点
そうではない …………… 2点
全くそうではない ……… 0点

前ページの2種類の診断項目それぞれで算出した合計点を下のチャートにプロットする。「早さ」と「正確さ」の指標にそれぞれの合計点を当てはめて、座標軸が重なったところがあなたの「相談を受けた際の対応に関する態様」である。ⅠからⅣのタイプがある。

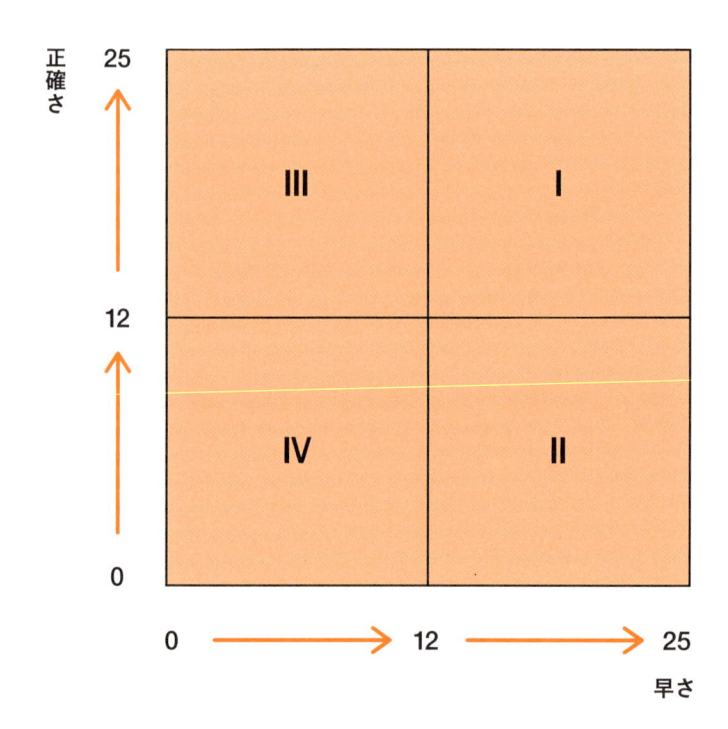

［相談を受けた際の対応に関する態様］
〈タイプⅠ〉返答が常に早く正確。理想的なタイプ
〈タイプⅡ〉返答が常に早いが、時に不正確。とにかく期限優先と考えがちな人
〈タイプⅢ〉返答は時に遅い。しかし遅れても、返答の内容は正確。慎重に仕事を進める人
〈タイプⅣ〉返答が常に遅くて不正確。本来は、人の上に立ってはいけない人

CHAPTER2

　早さと正確さのどちらを取るべきか、という質問には一概に答えられないし、択一的に選ぶのはナンセンス。現場は常に動いているものだ。正確さを追求した結果、返答としては遅きに失することもある。またその逆もあるだろう。要するに、現場を預かる人間にとっては、両方不可欠なのだ。

05 迅速な返答の実践方法

　相談に対する返答は、早さと正確さが両輪となる。言い換えれば、正確な意思決定を迅速に行う必要があるということになる。そもそも「意思決定」とは何か。それを理解することが、まずは第一歩だ。「今、何を決めるべきなのか」をはっきり自覚し、「そのために何が必要か」を考えるのだ。そうした思考方法を身に付けることが、早くて正確な返答「ワンデーレスポンス」を実践する近道なのである。

戦略的意思決定と戦術的意思決定

　一般に「戦略」とは、より大局的・全体的な見地から目的を達成するうえで有効と思われる方法や計画を指す。その一方、「戦術」とはもっと局所的・個別的に講じる手段のこと。両者は違うのである。意思決定でも、戦略的か戦術的かで決断のプロセスにも違いが生じる。

　戦略的意思決定は、後述する戦術的意思決定に比べてより複雑かつ重要な問題が検討課題となり、事業全体の目的との調和が求められる。これに対して戦術的意思決定とは、戦略面で満たすべき条件はそろっている状況であることを前提に、今そこにある有形・無形の資源を最も効果的に活用する手段を探すことと言えるだろう。

　例えば工事現場で労災や事故が多発したり、工期の長期遅延が見込まれたりして、大幅な工法変更や事業計画の見直しに迫られた場合、ここで求められるのは戦略的意思決定だ。他方、仕様や設計の一部変更で対処できるなら、そこで必要なのは戦術的意思決定ということになる。

　戦略的意思決定で最も重要なポイントは、次の5ステップのプロセスを着実

に踏むこと。それは「早さ」に優先する。

　　〈ステップ1〉問題の理解
　　〈ステップ2〉問題の分析
　　〈ステップ3〉解決案の作成
　　〈ステップ4〉具体策の選定
　　〈ステップ5〉効果的な実行

　「問題の理解」とは、問題の決定要因（問題の本質的な原因やそれがもたらしている状況）を浮かび上がらせることである。それらを整理して全体の最適解（現実的に解決可能な範囲や方向性）を導き出すのが「問題の分析」だ。
　そのうえで「解決案の作成」に移るわけだが、ここで重要なのは複数の案を立てることである。そしてリスクや経済性、諸々のタイミング、人材面などの制約といった点を検討して、解決に向けた「具体策の選定」を行う。それを「効果的な実行」に移して、着実に成果を上げる。ここまでが戦略的意思決定で踏むべきプロセスということになる。

　戦術的意思決定の場合は逆に、一にも二にもスピードが求められる。早さが最重要なのだ。そのためには、事業目的の明確化など戦略的意思決定が既になされていることが必要条件である。
　戦術的意思決定が常習的に遅い組織は、戦略的意思決定に不十分な点があるケースが少なくない。組織としての目的や事業で目指す方向が不明確では、個別具体的な対処策をどのように行うか、迷いが生じて判断が遅れがちになる。その選択も的外れになりがちだ。

　あなたが直面している問題が必要としているのは、戦略的意思決定か戦術的意思決定か──。ワンデーレスポンスの実践では、これを見極める能力こそ、大切なのだ。

ワンデーレスポンスを実践する体制づくり

　無駄なコストを削減することで利益率向上につながるとともに、工事品質の向上にも寄与する——。ワンデーレスポンスにはこうした直接的メリットに加えて、様々な間接的メリットもある。

　例えば、あなたに相談や問い合わせを持ち掛ける相手（部下や下請け会社など）は、あなたのレスポンスが早いのでどんどん先読みしながら仕事に取り組めるようになる。自分の頭で考えて取り組むようになるので、人材として着実に成長する。相乗効果として、仕事に対する彼らの満足度も上がり、組織としてはさらなるポテンシャルを期待できるようになる。

——職人Aが専門工事会社の担当者Bに相談

職人A　「（施工箇所で図面を示しながら）ここは、現況と図面が違う。これでは図面通りに施工できないよ」

専門工事会社B　「分かった。元請け会社に相談するから、この箇所は作業を止めておいてくれるか。元請けはワンデーレスポンスを実践しているから、遅くとも明日には返事をもらえる。それまで、別の作業を先行していてくれ」

職人A　「そうか。分かったよ」

——専門工事会社Bが元請け会社の担当者Cに相談

専門工事会社B　「（図面を示して）この箇所は現場の状況が悪くて図面通りに施工できません。どうしたらいいですか」

元請け会社C　「発注者やうちの設計部門と調整して明日中には必ず返事をするよ。ところで、対処策についてBさんの意見を聞かせてくれないか。発注者や設計部門にも伝えたいんだ」

専門工事会社B　「私は、施工方法を△△に変えるのが最も適切と思います」

──翌日、元請け会社Cが専門工事会社Bに伝達

元請け会社C　「Bさんの意見の通り、施工方法を△△に変える線で、発注者もうちの設計部門も調整できたよ。△△でいきましょう」

専門工事会社B　「了解です。すぐ現場に伝えて、作業を再開します」

──現場で専門工事会社Bが職人Aに伝達

専門工事会社B　「昨日の件だけど、元請け会社から返事がきたよ。施工方法を△△に変更して作業を再開しましょう」

職人A　「対応が早くて気持ちがいいねえ。この調子だと予定よりも早く終わりそうだ」

　この事例では、相談を受けた元請け会社の担当者Cが専門工事会社のBに次のように質問している点にも注目してほしい。「対処策についてBさんの意見を聞かせてくれないか」。発注者や設計部門と協議するうえで、初めから現場の状況に最も適した解決策に落とし所を定めておけば、やり取りを何度も重ねずに済む。そうした考えから発した質問だ。このようにやり取りの先を読む眼力も、ワンデーレスポンスの実践では重要なミソになる。

　こうしたコミュニケーションを実現するために、問題に関して相談を受ける側（つまりはあなた）は、日ごろから次のような取り組みを行っていなければならない。

　まずは全体的なリスクアセスメントの実施である。事故防止の観点から危険予知活動を行っている現場は多いが、その視点をさらに広げればいいのだ。すなわち「品質（Q）」「原価（C）」「工程（D）」「安全（S）」「環境（E）」それぞれに関して、現場全体に生じ得る問題の予知活動を日ごろから実施するようにする。

　リスクの所在をあらかじめ認識することで、リスクの先読みができるように

なる。その結果、問題が生じて相談を受けた際に、より早いレスポンスを返すことが可能になる。

<u>工程表や原価などのデータを関係者間で共有することも有効だ</u>。建設会社によっては、自社用とそれ以外の対外用に工程表などの資料を分けて用意している例もあり、対外用では多少サバを読んだ工程を示している。これでは互いに腹の探り合いになってしまう。本音ベースで情報を共有することが、信頼関係の醸成と迅速的確なレスポンスには不可欠。勇気を出して開示すべきだ。

<u>返答の遅滞がコスト増につながる</u>ことを常に意識することも重要である。例えば現場で職人10人が1日間、手待ちの状態になったとしよう。1日当たりの1人単価を2万円とすると、20万円のコストがかさんだことになる。これだけでなく、1日分の仮設費や管理費、水道代、光熱費などなど、現場の規模によっては作業が1日止まるだけで100万円近いコストが発生することも珍しくない。こうした金銭感覚を有することが大切なのだ。

レスポンスが遅いとコスト増につながる

相談する方にも心得が要る。これは現場教育などを通じて、部下や工事に参加する専門工事会社などに徹底してもらわなければならない。

例えば、相談する際に正直に話をするという点だ。相談をする側が現場の状況を正直に事実に基づいて話をしてくれてこそ、正確な返答ができる。サバを読んだ情報のやり取りは、互いに信頼関係を損なうだけだ。

早くて正確な返答をするうえでは、相談者の考えや意見も重要な意味を持つ。「どうしたらいいでしょうか」ではなく、「〇〇にしてはどうでしょう」といったように、当事者として考える対処策を提示してもらった方が、判断する立場の人も選択肢を考えやすいからだ。

また相談自体も迅速に行ってもらう必要がある。そもそも相談を先送りにしていては、発生している問題に対して早期に対応できない。「気が付いたらすぐ相談」、「相談もワンデーで」を現場全体で徹底することが不可欠だ。

06 リーダー個人に不可欠な資質とは

　ワンデーレスポンスを実践する仕組みについて、前述してきた。次に説明したいのは、個人レベルで求められる資質である。仕組みを整えても、レスポンスを行うリーダー自身に必要な資質が欠けていては、実践できないからだ。

リーダーに求められる三つの資質

　個人レベルでは、主に三つの資質が求められる。まずは設計や施工などに関する「知識・経験値」（＝技術力）だ。それを備えたうえで、「予知能力」と「変化対応力」と積み重ねていく必要がある。

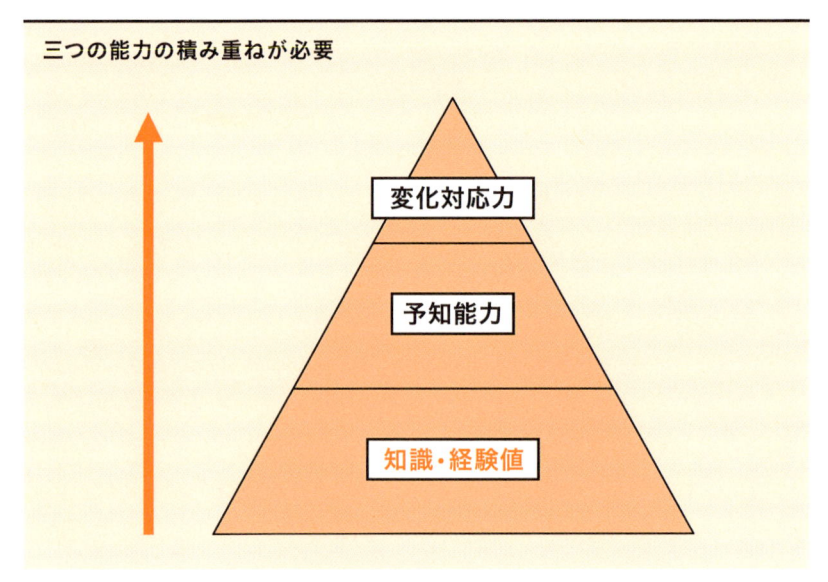

三つの能力の積み重ねが必要

（ピラミッド図：上から「変化対応力」「予知能力」「知識・経験値」）

　時系列で言えば、まずは知識や経験を身に付けたうえで、進行中の現場で日々生じる変化に臨機応変に対応する力を磨き、さらにこれから生じ得る問題を予知する能力を錬成するという流れになるだろう。

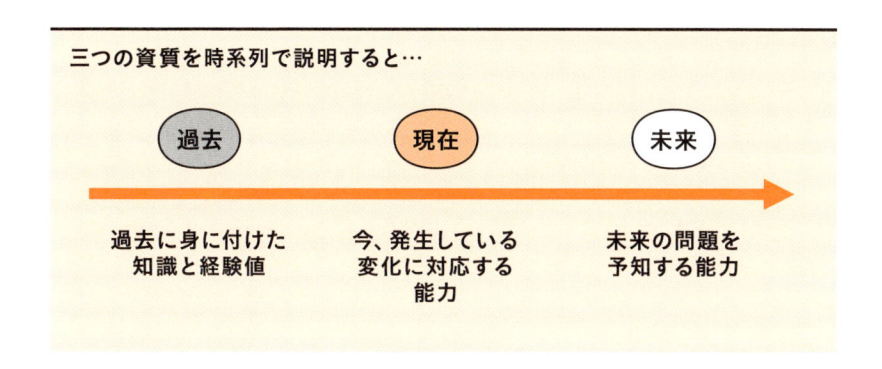

```
三つの資質を時系列で説明すると…

    過去              現在              未来
    
    ──────────────────────────────▶
    
 過去に身に付けた    今、発生している      未来の問題を
  知識と経験値       変化に対応する       予知する能力
                      能力
```

　三つの資質について、もう少し詳しく説明する。まずは「知識・経験値（＝技術力）」だ。建設分野に関する知識という点では、例えば各種の資格取得などもその証になるだろう。また組織・チームの内外を問わず関係者を管理・調整する力も必要だ。

　管理や調整の対象は一般に、リスクアセスメントに関して触れた箇所でも挙げた「品質（Q）」、「原価（C）」、「工程（D）」、「安全（S）」、「環境（E）」の5種類がある。これらについてリーダーは、「計画（Plan）」、「実施（Do）」、「点検・確認（Check）」、「反省・改善（Act）」を実行できることが求められる。管理・調整の対象項目と実行内容をクロスさせて、それぞれのタイミングで目を付けるべきものを次ページの表のように整理してみた。

[リスクアセスメントで目を付けるべきポイント]

	品質（Q）	原価（C）	工程（D）	安全（S）	環境（E）
計画 （P）	建設業法、設計図、仕様書、施工計画書、施工図	標準単価、歩掛かり、積算書、見積書、実行予算書	歩掛かり、工程表（全体、月間、週間）	労働安全衛生法・規則、安全衛生管理計画書	環境関連法規、環境管理計画書
実施 （D）	教育・指導、VE提案	支払い、請求	工程間の調整	雇入教育、新規入場時教育、安全衛生委員会	教育・指導
点検・確認 （C）	検査、試験	月次決算、工事精算	日次・週次・月次の進捗管理	安全衛生パトロール	進捗確認
反省・改善 （A）	施工計画、手順書の見直し	月次では実行予算書の見直しなど、精算時は標準単価や歩掛かりの見直しなど	工程表の見直し、歩掛かりの見直し	安全衛生パトロール指摘事項、事故発生時の是正予防処置	環境事故発生時の是正予防処置

　次に「予知能力」である。発生し得る問題を事前に予知し、それに対する解決策のシミュレーションがあらかじめ頭にあれば、より迅速な対応が可能になる。これが予知能力だ。予知能力を磨くためには、やはりリスクアセスメントの手法を使う。

　具体的には、次の表のように、「問題の重大性」と「生じる可能性」の指標で、作業内容や作業箇所などに応じて発生が予想される問題に配点。それぞれを乗じた数値が評価点となる。この評価点が高いほど、対処策を講じておくべきリスクということになる。

問題の重大性 \ 生じる可能性	1（軽微）	2（重大）	3（極めて重大）
1（ほとんど起こらない）	1（極めて小さい）	2（かなり小さい）	3（中程度）
2（たまに起こる）	2（かなり小さい）	4（中程度）	6（かなり大きい）
3（かなり起こる）	3（中程度）	6（かなり大きい）	9（極めて大きい）

[基礎工事の土工事を例にすると…]

工程	作業内容	項目	予想される問題例	重大性	可能性	評価	対策例
基礎工事	土工事	品質	鋼矢板打設位置のミス	3	2	6	詳細な施工図の作成
		原価	鋼材の高騰による原価上昇	3	3	9	集中購買による原価低減
		工程	周辺で進行中の他工種との輻輳による工期遅延	3	1	3	週次の工程管理の実施
		安全	墜落・転倒事故	3	2	6	保護具の着用
		環境	現地発生土の処理	2	2	4	処理業者を探しておく

　最後に「変化対応力」についてだ。現場は生きている。思いもよらないトラブルが生じることもある。十分な知識や経験があっても、発生をある程度予想していたとしても、対応が難しい場合も生じ得る。そんな時でも落ち着いて解決策を見出し、即座に解決策を提案できることが必要だ。

建設産業に古くからある言い回しで、「KKD」という言葉がある。「経験」、「勘」、「度胸」のことだ。もちろん少なくとも今は、これだけではだめである（特にリーダーを務めている人は）。しかし、ここまで説明した二つの資質「知識・経験値」と「予知能力」を満たしている前提で、やっぱり最後に求められるのはこれ。「KKD」なのである。

CHAPTER3
チーム外との
コミュニケーション

- **01** 対外コミュニケーションには4段階ある
- **02** 相手との距離を縮める基本テクニック
- **03** 「徹底して聴くこと」が成功の秘訣
- **04** 相手の心を動かすプレゼンテーション
- **05** 相手の「ノー」を「イエス」に変える

01 対外コミュニケーションには4段階ある

　建設会社の現場担当者は、外部の人と接する機会がよくある。公共事業の発注者や民間の顧客、設計者、近隣住民など、相手は様々だ。同じ社内の他部門や現場に一緒に加わる協力会社なども、状況によっては「外の人」になる。
　こうした外の相手と効果的にやり取りする能力（<u>対外コミュニケーション能力</u>）は、社会人であれば誰しもある程度は必要。まして、現場組織を率いるリーダーには不可欠と言える。

　対外コミュニケーション能力のポイントは、新人研修のテーマに挙がるようなことから経験を積まないとなかなか身に付かないことまで、幅広い。この章では、おさらいを含めて整理したい。「分かっているつもりだができていない」というベテランも多いはずだ。

相手はいずれも「顧客」と考える

　対外コミュニケーションとは、全てが広い意味で「営業活動」である。すなわち、コミュニケーションの相手はいずれも「顧客」と考えるべきなのだ。以下、その前提で説明する。

　対外コミュニケーションで求められる能力は、相手とのやり取りのプロセスに応じて4段階に分けることができる。

アプローチ段階＝「親密力」

　最初は、コミュケーションで取っ掛かりとなるアプローチの段階で、ここで必要なのは「親密力」だ。ゴルフのアプローチのように、1打でピン（＝相手）にグッと近づくことが大切なのである。
　親密力とは、相手との親密度を高めて、次のコミュニケーションの機会のき

っかけをつくるもの。第一印象を良くすることが最大のポイントである。そのためには自らの行動や話し方などを客観的に捉えて、コミュニケーションを阻害する要因がないか、セルフチェックできるかがカギになる。

リサーチ段階＝「調査力」

　第二段階は相手の要望（ニーズ）や欲求（ウォンツ）を正確に把握するリサーチの段階だ。ここでは「調査力」が求められる。

　調査力では、本書の1章で説明した「聴く力」がポイントになる。相手の心中をきめ細かく感じ取って要望・欲求を把握する直感的な能力が、調査力を高めるうえで最も重要なポイントだ。

プレゼンテーション段階＝「表現力」

　相手の要望・欲求に応じた提案など、こちらの考えを示すのが第三段階。相手の心をつかむプレゼンテーションには、まずは説明する能力が不可欠だ。例えば、「伝えたい内容の順序を起承転結の流れでシナリオ化して話せるか」といった能力が重要になる。

　さらに、コミュニケーションの雰囲気づくりを含めて、こちらに魅力を感じてもらう工夫を凝らす能力も欠かせない。これらをひっくるめて、表現力と考えるべきなのである。

クロージング段階＝「交渉力」

　最後の段階は、相手とこちら双方の利益になる形で合意に落とし込む段階だ。この段階で求められるのが「交渉力」。具体的に例を挙げれば、「相手の背中をポンと押して、決断を促す」といったコミュニケーション手法も、大切な交渉力の一つと言える。

　交渉力には、いわゆる人間的魅力も重要な役割を果たす。また自己啓発などの分野で取り上げられる「アサーティブ（Assertive）なコミュニケーション」も、身に付ける必要がある。これは、自分も相手も尊重したうえで自己主張や自己表現を行うコミュニケーションのことだ。

これら「親密力」、「調査力」、「表現力」、「交渉力」について、次項からそれぞれもう少し掘り下げて考えてみたい。

対外コミュニケーションの4段階と必要な能力

①アプローチ段階＝親密力
②リサーチ段階＝調査力
③プレゼン段階＝表現力
④クロージング段階＝交渉力

02 相手との距離を縮める基本テクニック

「親密力」の話から始めよう。仕事の場に限った話ではないが、初対面もしくは出会って日が浅い誰かと親密になるために大事なのは、まずはあなた自身の第一印象である。第一印象に大きく影響を与えるのは「表情」、「身だしなみ」、「話し方（声の質も含めて）」といった要素だ。

まずは自分を知る

「第一印象」と聞いて、あなたが「いまさら…」と考えたなら、大間違いである。よく引き合いに出される話だが、心理学の分野で行われたある実験結果では、相手に抱く第一印象の9割超は「見た目（表情や服装など）」と「声の質（声の張りや明るさなど）」で決まり、「話の内容」は残りの1割弱だったという。

前者二つは言い方を換えれば、人の表層に過ぎない。しかし意外に侮れないことが分かるだろう。コミュニケーションとは、必ずしも単純に「話せば分かる」というものではないのだ。

録音した自分の声に、「自分はこんな声だったか…」と違和感を抱いた経験はないだろうか。しかし自分以外の人にとって、それはいつものあなたの声。かように、自分の実相というものは誰しも案外分かっていないものである。

第一印象で重要な役割を果たす「見た目」や「声の質」も同じ。自分の立ち居振る舞い、身だしなみ、話し方や声質、表情の表れ方など、自ら一度チェックすべきなのだ。周囲の人や家族などに協力してもらって、第三者の意見を乞うのも、気が付かない点を見い出すうえでは極めて有効だ。

「見た目」で最も重要なのは、笑顔の印象である。笑顔の印象を良くするテクニックはおおまかに二つある。一つは「目をいつもの倍（そのくらい大きく）に見開くこと」。二つ目は、「口角（口の両脇）をいつもの2割増し程度（つまり、

ほんの少し）上げる」ことだ。この二つによって笑顔の印象は大きく変わる。ぜひ、鏡を見ながら試してほしい。

　「見た目」に関わるポイントで、次に重要なのは挨拶だ。適切な言葉選びとともに、言葉と動作が一体となって上手に挨拶できているだろうか。
　礼儀作法に関して「語先礼後」という言葉がある。例えば「おはようございます」と声を掛ける際に多くの人は、意識しないと言葉を発しながら頭を下げる動作をする。まるで地面に挨拶しているようなもので、言葉と動作がきれいに連動していない例だ。

　本来の礼儀は、まず相手の目を見て「おはようございます」とはっきり言い、それからしっかり頭を下げて「礼」をするという順序。これが「語先礼後」であり、意識して実行しないとなかなかできない。できるようになると、言葉と動作がきれいにかみ合って、中途半端な挨拶より格段に印象が良くなるはずだ。

　お辞儀と会釈の使い分けも大切。お辞儀は、背中をまっすぐに伸ばしたまま上半身で前傾姿勢を取り（「礼」の姿勢）、首を少し上げて顎を引く。
　お辞儀が相手への感謝や尊敬の念、場合によっては謝罪の意などを示す動作であるのに対して、会釈はご機嫌伺いや親愛の情の表現などを示すもう少し軽い挨拶だ。会釈の場合には、相手の顔を見ながら（自分の顔は上げたまま）で頭を下げる。相手やタイミングで両者をきちんと使い分けないどっちつかずのお辞儀・会釈は、むしろいいかげんな挨拶と取られかねない。

　第一印象に影響するポイントの例をいくつか紹介してきたが、言いたいことは要するに、「あなたが相手に発信する視覚情報や音声情報を自らコントロールせよ」という事なのだ。
　人と人のコミュニケーションでは、相手のことを知らなければ知らないほど、理論や理屈より感覚・感性の反応が先に立つ。そこで、まずは相手の感覚・感性のハードルを少しでも下げてもらう必要がある。「見た目」など一見表層的

な情報を意識してコントロールする効用は、まさにその点にあるのだ。

自分の第一印象は意外と分からない

アピールポイントを整理しておく

　対外コミュニケーションの第一段階で必要な「親密力」で続いて求められるのは、自分のことを相手に簡潔に分かりやすく伝えるテクニックだ。

　相手と親しくなるためには、自分のことを知ってもらわなければならない。アピールする材料は3種類に分別できる。「自分について」、「所属する組織について（会社など）」、「組織がウリにする技術や製品、サービスについて」だ。

　これらについて、それぞれ三つの切り口からアピールポイントをあらかじめ整理する。三つの切り口とは「実績」、「第三者評価」、「価値」である。
　実績とは、例えば個人なら経歴や学歴、取得資格など。会社組織なら業績や

伝統、良く知られた製品などの成果物が該当する。

　第三者評価とは、既存顧客の声（公共工事なら成績評定などもこれに当たる）や信用力ある別の組織との連携・提携、マスコミでの露出度などが概当するだろう。

　価値とは、例えば「保持する技術に対して特許を取得している」、「展開する製品やサービスの効果」、「それら商材が持つ希少性」などがアピールできる材料になる。個人なら、「周囲を明るくできる」といったパーソナリティーの特性も材料になり得るのだ。

　こうしたアピール材料を相手に応じてあらかじめ整理しておく。お薦めしたいのは、1枚の紙（A3程度の大きさがいい）に書き出しておくこと。材料を裏付ける資料などがあるなら、それも添えておくとよい。私はこれを「アプローチシート」と呼んでいる。

　具体的な対外コミュニケーション、例えば商談などの場に臨むに当たっては、この「アプローチシート」をベースにして、あらかじめさらに綿密な戦略・戦術を練っておく。その際に大事なことは二つある。

　一つは、「コミュニケーションの目的を明確に決める」という点だ。「相手に何を伝えたいのか」、「相手からどんな要望（ニーズ）や欲求（ウォンツ）を引き出したいのか」が最も重要な目的だ。

　もう一つは、「相手に納得してもらいやすいストーリーをつくる」ことである。優秀な営業マンはこの手のストーリーづくりにたけているのだが、定番的なやり方の一つは「『問い掛け→相手の回答→証拠の提示』という流れを基本にする」という手法だ。この場合、問い掛けは相手の「不」に関する本音を引き出す質問から入るのが常套手段だ。「不」に関する本音とは、不安や不満、不備や不足などに関する相手の本音である。

　それらを引き出したら、今度は相手の「不」に対する解決策を裏付けととも

に提示する。これが基本的な流れだ。必ず問い掛けから入るのが定石なのである。肝心なのは、こうした相手の「不」を事前にどれだけ予測・推察できるかだ。これはある程度経験が必要だが、例えば相手の会社や同業他社の状況など、日ごろから常に広くアンテナを張っておくことが大切になる。

　こうしたストーリーをつくる際には、できるだけ書き起こした方がいい。書き起こすこと自体が、自分の考えを整理することにつながり、コミュニケーションのスキルを上げるトレーニングにつながるのである。

03 「徹底して聴くこと」が成功の秘訣

「親密力」に続いて「調査力」の話をしよう。これは相手の要望（ニーズ）や欲求（ウォンツ）を明確にするためのスキルだ。さてここで一つ、問題を出そう。「要望と欲求の違いはどこにあるか」という問題である。あなたには答えられるだろうか。この違いを知ることは、対外コミュニケーションを通じて相手に満足度を高めてもらううえで、極めて大切なのである。

「事前期待」と「事後評価」の関係

要望と欲求の違いは、「事前期待」と「事後評価」という概念およびその関係性を理解すると分かりやすくなる。「事前期待」とは文字通り、例えば商品などを購入する前に抱く期待のこと。同じく購入後の評価が「事後評価」だ。

「事前期待」と「事後評価」のいずれが上回るか、あるいは同じかによって、人間が受ける満足度はおおまかに次の3パターンに分けることができる。

まず「事前期待＞事後評価」の場合。居酒屋で冷や奴を頼んだら湯豆腐が出てきたようなもので、注文した人の要望を実現できていない。つまり「不満足」が生じるパターンである。人によっては、その居酒屋に二度と足を向けなくなるだろうし、「あの店は注文してないものが出てくるぞ」などと悪い評判を広げるかもしれない。

次に「事前期待＝事後評価」の場合、同じく居酒屋に例えれば、注文通りの品が出てくるようなもので、注文した人は要望を実現できたことになる。
ただし要望を実現したことで感じる満足感は、次第に「飽き」に取って代わられる。「どうも新鮮味がなくなった」と、河岸を変えて他店に浮気する人も出てくる。これは、相手の要望を満たしていても、欲求を満たしていないからだ。

最後に「事前期待<事後評価」の場合。初めて入った居酒屋で、「予想を上回るおいしさと安さに驚いた」といった場合がこれに当たる。要望を満たしたうえに、口には出さないが本来欲していたことを満たされたと感じる場合だ。つまり欲求が満たされた状態であり、言い換えれば「感動」を与えられたことになるのだ。

　店から感動を与えられた人は、自らリピーターとなったり、口コミで紹介客を連れてきてくれたりと、お店のサポーターと化す。このパターンが理想であるわけだが、ではコミュニケーションのうえではどうしたらよいか。それには「事前期待には、要望と欲求の両方含まれている」ということを理解するのが第一歩となるのだ。

　少し整理しよう。おおまかに説明すると、ここで言っている「要望（ニーズ）」とは相手が口頭もしくは文書などで具体的に示しているもの。これに対して「欲求（ウォンツ）」とは、明示はしていないながら心の中で潜在的に求めているもの、と分別することができる。対外コミュニケーション能力で求められる「調査力」に必要なのは、両者をしっかりと「聴き分ける力」とも言える。

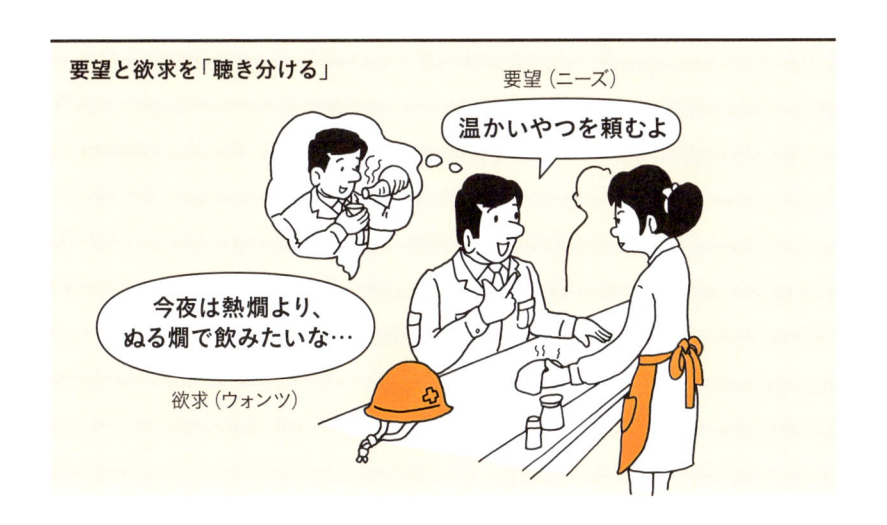

要望と欲求を「聴き分ける」

要望（ニーズ）
「温かいやつを頼むよ」

欲求（ウォンツ）
「今夜は熱燗より、ぬる燗で飲みたいな…」

ヒアリングのための四つのポイント

　対外コミュニケーション能力における「調査力」で、最も基本となるのは、ヒアリング力だ。相手の「要望（ニーズ）」と「欲求（ウォンツ）」を分けて捉えたうえで、きめ細かく引き出すことが目的となる。ヒアリングのポイントをいくつか挙げてみよう。

1 相手の「不」を聴き出す

　先に少し触れたが最も重要なのは、相手が「不」の付く思いを抱いているものの情報だ。例えば不満や不足、不備、不快、不安といった思いだ。これらは解決策や改善策を提案するうえで大前提となる情報である。「今の工事の進め方について、不満を感じておられることはありませんか」。このように問い掛けることから始めるのも手だ。

2 5W2Hで聴き出す

　ヒアリングの際の問い掛けでも、前章で触れたように5W2Hを使いこなす。ここでも、特に重要なのは「What(なにを)」と「Why(なぜ)」に関する情報だ。「どんな（What）不満がありますか」、「なぜ（Why）そのように感じられるのですか」と相手に問い掛けてみよう。

3 曖昧な要望・欲求は相手と一緒に具体化する

　要望・欲求について、相手自身もはっきりと自覚していないこともある。そうした場合は、相手が抱く真の要望・欲求を一緒に具体化することを念頭に置きながらヒアリングする。

　これは想像するほど難しくはない。いくつか決まり文句のような相づちがあり、それらを適宜使えばいいのだ。次に例示する。

（相手の曖昧な回答に対して）

「それは、例えばどういうこと（もの）ですか」

「もう少し具体的に言うと、どうなりますか」

「もう少しかみ砕いて説明していただけますか」

「とおっしゃいますと…」

「本当のところはどうなんですか」などなど

4 要望・欲求に漏れがないかを最後に必ず確認

　相手自身もはっきりと意識していない要望・欲求まで具体的に引き出したら、それを互いに確認するプロセスを踏む。

　「それでは、今までお伺いした事を確認させてください」と言って、要領よく整理した相手の要望・欲求を全て復唱する。そのうえで、「あなたがお求めの内容は、これで全部ということでよろしいですか」と確認するのだ。

　復唱する際には、互いの認識にギャップを残さないように、あえて言い方を変えてみたり、内容に漏れている点などに気が付いたらこちらから指摘してあげるようにする。このように相手の要望・欲求をきめ細かく言語化することで、相手との信頼関係は着実に深まるのだ。

04 相手の心を動かすプレゼンテーション

　相手の懐に飛び込み、相手の要望（ニーズ）と欲求（ウォンツ）をつかんだら、今度はあなたが提案する番だ。つまり「表現力」を求められる段階である。
　提案や企画を相手に示すプレゼンテーションで大切なのは、当然ながら、まずはその内容を相手に理解してもらうこと。そのうえで相手の心を動かして「どうしてもほしい」という気持ちになってもらってこそ、プレゼンテーションは本当の意味で成功と言えるのである。

　以下で具体的なテクニックをいくつか紹介するが、これらは必ずしも対外コミュニケーションに限ったものではない。組織の内部や、例えば協力会社など「内と外」の境界に位置する相手に対しても、有効なテクニックである。そのつもりで読み進んでほしい。

まねから学ぶうまい話し方

　現場のリーダーと言えば、対外コミュニケーションの機会はもちろん、現場内部でも日常的に朝礼や安全大会、親睦会など、人前で話す必要に迫られることが多いはずだ。「どうも人前で話すのは苦手だ」。内心ではそう思っている人も少なくないだろう。

　話し方の上手下手は、決して本人の性格や才能などに左右されるものではない。トレーニング次第で、かなり改善できるものなのである。簡単なトレーニングの代表例は、「まねること」である。声の出し方やリズム、全身の使い方、話題の選び方など、自分のフィーリングで「いいな」と感じる人を探して、その人の話し方をまねしてみるのだ（もちろん話題は自分で考える）。

　組織の中で身近な人でもいいし、研修や外部講演会で出会った講師などでも

いいだろう。まずはあなた自身のフィーリングに合う"お手本"を探すところから始めよう。生の声に接するのが一番いいのだが、それ以外にも材料はたくさんある。例えば、ラジオやテレビのトーク番組、講演番組などはネタの宝庫。著名人の講演CD（DVDでもいい）なども、勉強になるものだ。

　実際に生で相手の話を聞ける機会があれば、胸に録音機を忍ばせて話を録音し（講演会などではNGの場合も多いので注意）、後で繰り返して聞き直す。ラジオやテレビの番組、講演CDなどは、この点が簡単だ。そして、<u>話者の話し方を声に出して徹底的にまねてみる</u>。これだけで、あなたの話し方は格段に変わるはずである。

　既に引退したある有名漫才コンビの話をしよう。このコンビの「ツッコミ担当」で事実上のリーダー格だった漫才師は駆け出し時代、自分が面白いと思う芸人たちの芸を手当たり次第に録音。そのせりふを一言も漏らさずに紙に書き出していたという。さらに彼は、紙に書き出した他人の芸を詳細に分析した。

　例えば、ボケとツッコミで構成したやり取りの中で生じる「間」が1分間にどれくらいあるか。彼の著書によると、芸にたけたベテランほど「間」の数が多い傾向があり、新米にはなかなかまねできないそうだ。
　そこで彼が実践したのは、ツッコミ担当が圧倒的にしゃべりまくることで、あえて「間」を減らすという話し方のスタイルだった。リズムよくしゃべることができれば、ボケとツッコミのタイミングがずれて「変な間」が生じる失敗を避けられる。

　また彼は、師匠格だったあるベテラン漫才コンビの話芸を同様の手法で分析した際に、ボケのパターンが毎回、8割程度は同じであることに気付いた。100％同じでは、客に飽きられてしまう。「毎回2割違うのがちょうどよい案配」。野球のピッチャーに例えれば、決め球の球種を効果的に見せるために他の球種のバランスを考えて配球するようなものだろう。自分たちのネタづくりでも、

さっそくこの法則を生かすようにしたという。

このように、「まねる」ことから見えてくるものはたくさんある。人前での話し方で悩むなら、あなた自身がいいと思う誰かを徹底的に分析することから始めよう。それをまねして、自分のものにする。そうすると意外なことに、まねする対象とした相手とはひと味違う独自性も自然と身に付いてくる。あなた流の「表現力」を磨くことに必ずつながるトレーニング手法なのである。

自らの強みと他者とのマッチングを考える

先述した漫才師の話をもう少し続ける。彼の場合は、自分自身の話芸の特徴や強みを自己分析したうえで、自分が面白いと感じた先輩や仲間の話芸に目を付ける際に「自分にできそうか否か」という視点から選んだという。つまり「己を知る」というところに立脚点を置いていたわけだ。

「自分の特徴や強み」を仮にXとしよう。これをきめ細かく自己分析したうえで、次に「お笑いに関する世の中の流れ」を研究する。これをYとする。彼の著書によると、XとYのギャップに気付かない芸人は伸びない。俗に「一発屋」と呼ばれる芸人がいるが、彼に言わせるとYとそれぞれのXが偶然に一致しただけの話なのだ。

Yとは「時代の潮流」であり、「世の中が求めるもの（要望・欲求）」でもある。それにX（自分の特徴や強み）が対応できなければならない。舞台でスポットライトを浴び続ける芸人は必ず、XとYの両方を常に意識しているという。ここまで言えばお気付きと思うが、ここで取り上げた漫才師は、まさにマーケティングの視点で自らの話芸を鍛え上げてきたのである。

彼の思考方法は、今私たちが検討している「表現力」でも極めて重要である。ただ漠然と話しているだけでは、だめなのだ。相手に心を動かしてもらうためには、どのように伝えればいいか。コミュニケーションでも、それを緻密に考

える必要があるのである。

いつも心に「台本」を

　相手の心を動かそうとする際、コミュニケーションのうえではいくつかのテクニックがある。代表的な五つを解説しよう。
　ただし、テクニックだけ知っていても上手に使えなければ意味がない。人前で話す際には、あらかじめそれらを盛り込んだ「台本」を心の中で準備しておくべきなのだ。台本は、本来はメモなどに書き出していた方がいい。「あれを言おうと思ったんだが忘れてしまった」、「途中で脱線して元に戻せなくなった」といった失敗を防ぐためでもある。

1 「挑戦」と「共感」が相手の心に火をともす

　研修や講演などの場で「だからあなたはダメなんです！」と講師が叫んだら、聴衆であるあなたはどう思うか。指摘が当たっていればドキッし、逆に「なにくそ、やってやろうじゃないか」と思う人もいるだろう。これが聴衆に対する「挑戦」である。
　あるいは、「私も若い頃からずっと、皆さんと同じく現場を転々としてきましてね」と講師が言ったらどうか。同じように現場詰めが長い人なら、「ああ、この講師も私と同じような経験を積んでいるんだな」と感じるだろう。これが「共感」である。
　挑戦も共感も、相手の心に火をともす。相手を引き付けるうえで、最も即効性のあるコミュニケーション上のテクニックなのである。

2 失敗体験は「離陸の瞬間」とセットで

　失敗談や挫折体験を話すと、多くの聞き手は「かわいそうに」とか、「苦しかっただろうね」などと共感してくれる。それと同時に、「それに比べれば私は幸せ」と思う。だが話し手にとって「表現力」のテクニックとしては、それだけでは不十分なのだ。

大切なのは、失敗談や挫折体験とセットで、「そのどん底からどのように浮かび上がったか」を伝えることだ。必ず、起死回生となった「離陸の瞬間」をオチにするのである。そこまで伝えて、相手は「よく頑張ったのだなあ」と感じる。そして自らに置き換えて、「失敗しても諦めてはいけないんだな」と思ってくれる。つまり、より強固に「共感」してくれるのである。

× 「私が過去に経験した例でも、地元住民のクレームで施工途中でストップせざるを得なかったケースがいくつかあります」

○ 「私が現場に参加した△△工事でも、地元住民からのクレームで1カ月間、作業がストップしてしまいました。私は近隣のお宅、全部で100軒ほどでしたか、1軒ずつ訪ねて、お詫びとともに工事の意義を真摯に説明しました。その結果、ストップから一カ月後にようやく工事を再開できたのです」

3 成功体験は「テクニック」として伝える

　成功体験はともすると、話し手の自慢話と受け止められがちだ。長くなると、聞き手にとっては苦痛以外の何ものでもない。成功体験を人前で話すコツは、それを「誰にでもできるテクニック」として話すことなのだ。
　具体的に例示してみよう。小規模ながらも地元エリアでは集客トップの住宅会社社長が、経営者向けセミナーの講師として聴衆に話しているという設定だ。

× 「私が成功したのはお客様を大切にしたからです。だから次々と口コミで紹介していただけるようになりました」

○ 「決して特別なことではありませんが、私が大切にしてきたのは、お客様一人ひとりのどんな小さな要望にも真剣に対応するという姿勢です。
　例えばある日、アフターケアで訪ねたOB客の家で、『ここにアンティークの棚があればいいなあ』というお客様の独り言を耳にしました。そこで私はすぐに仕事仲間や友人を尋ねまわり、アンティーク製品を扱う複数の

雑貨店を調査。それらをお客様にお伝えしました。

　また新聞や雑誌などで、お客様が興味を持ちそうなアンティークショップ関連の記事を見つけると、そのつど記事のコピーを送ったものです。

　このように一人ひとりのお客様とお付き合いしているうちに、口コミで紹介客がどんどん増えてきました」

　後者の例では「顧客の独り言にすぐ対応」、「興味を持ちそうな記事を送付」など、話の要所要所を具体的なテクニックとして説明していることに気が付いただろうか。あくまでもテクニックとして話すことで、成功体験は自慢話には聞こえなくなるのだ。

4 相手が具体的なイメージを思い浮かべられるように助ける

　どんな話も、総括としての結論は抽象的になりがちだ。例えばあなたが、「知識とともに経験が大切」ということを相手に伝えたいとしよう。だがそれだけでは、あまりにも抽象的。相手にどう具体的にイメージしてもらえるかが、コミュニケーション術では重要なのだ。そのためにどんなテクニックがあるか、次のプレゼンテーション例で考えてみよう。

「コンクリート打設前に雨が降っている際、私は雨量が打設可能な4mm/h未満か、打設不可能な4mm/h以上かを自分の体感で判断することができます。

　雨を見上げて、目を開けていることができれば4mm/h未満、目を開けていられないようであれば4mm/h以上。実際に雨量を計測しても、不思議と大きくははずれないのです。

　4mm/hを超えると打設してはいけないというのは、技術者にとっては『知識』です。4mm/h未満であることが体感で分かるのは『経験』です。私は技術者にとっては、知識と同じくらい経験も大切だと確信しています」

　この例のように、結論を導くうえで具体的な事例で説明することが大切であ

る。話し手自らの体験談が最も説得力のある材料となるが、誰かから聞いたりメディアで触れたりした間接的な事例であっても構わない。要するに、どんなことを伝えるにしても、言わんとする主題を相手に具体的なイメージとしてつかんでもらうことが勘所となるのだ。

5 「つかみ→ピーク→エンド」が鉄板的順番

　漫才の世界では、面白いか否かの境界は、冒頭の1分以内に聴衆を笑わせられるかどうかにあるそうだ。つまり「つかみ」が重要なのである。日常において人前で話をする際にも、共通するテーゼと言っていいだろう。
　自分の体験談や話の主題そのものなど、いろいろな情報が材料になり得るが、つかみで大切なのは意外性である。体験談でも、つかみとして使うなら、少々変わった特別な体験の方がいい。ずっと昔、私自身が現場で話したネタの例を披露しよう。

「『ぶっかけご飯』というのがありますが、皆さんはごはんにお味噌汁を掛けますか。それともごはんの方をお味噌汁に入れますか。私はトンネル工事の現場にいたことがあるのですが、トンネルの現場では誰も、決してご飯にお味噌汁を掛けないんです。どうしてか分かりますか。これは『山が緩むことを連想するから』という験担ぎなんですよ」

　本来の主題が何だったかは残念ながら忘れてしまったが、同僚の技術者や協力会社の作業員たちには結構受けたつかみである。

　適当な体験談がないのなら、クイズ形式の問い掛けでもいい。目を引く振る舞いや奇抜なファッションといった見た目の印象も、相手が思わず反応せざるを得ないような刺激を与えられれば、有効なつかみになり得る。話す場所にもよるが、会場の設備的な演出（例えば照明などによる）が使えるケースもある。

　つかみで座を温めたら、次は話の「ピーク」と「エンド」である。

その名の通り、ピークとは話の中盤で最も盛り上がる箇所（歌で言えばさびに当たる）、エンドとは話の最後のことである。

山登りに例えると分かりやすい。頂上（ピーク）に到着したとき、登山者は最も感動する。麓（エンド）に降りてきたとき、「登頂を果たして無事に戻ってきた」とほっとする。こうした心理変化をそのまま再現してもらえるように、話を展開すればいいのである。

つまり相手が最も心を動かされると思われる話はピークに、共感してもらえるような話はエンドに配置して、話の展開を考えるのである。補足すると、エンドでは「もう少し話を続けてほしい」と思わせるぐらいの余韻が残せるとさらに完璧だ。

人前で話すうえでは、いつも「台本」を用意しておくべきだと述べたが、難しいことではなく、「つかみ→ピーク→エンド」の順番で話題を整理しておけばいいのである。具体例を一つ、挙げてみよう。私が訪ねた工事現場で、朝礼時にベテラン所長が話していた例である。ほろりとした（心を動かされた）ので記憶している話だ。

「先日、私の家に小学1年生の孫が来た。『おじいちゃんはどんな仕事をしてるんだ』と尋ねるから、『道路を造ってるんだ。お前も将来やってみるか』と答えた。そうしたら『汚れるから嫌だ』と言うんだ」（＝つかみ）

↓

「それで私は思った。全国の小学生が考える『将来就きたい仕事ベスト10』にいつの日か、建設分野の技術者や職人を入れてやろうじゃないかと。今後はそれを私の夢にする」（＝ピーク）

↓

「子供たちから『カッコイイ』と言ってもらえるように、一人ひとりがいつもの作業をどう進めたらいいか、それぞれに考えながら今日の仕事に取り組もうじゃないか」（＝エンド）

相手の心を動かす3原則

コミュニケーションにおける「表現力」の目的は、再三述べてきたように、相手の心を動かすことにある。では、人はどんなときに話し手の言葉に心を動かすのか。私は、おおまかに以下の三つのパターンがあると考えている。

1. 「重要な意味はないと思えること」に意味を見い出したとき
2. 「複雑に見えること」が単純化されたとき
3. 「見えないこと」が見えたとき

これら三つである。それぞれもう少し具体的に説明しよう。まずは、1の「重要な意味はないと思えること」に意味を見い出したときについてである。具体例で考えてみよう。あなたは今、小学校の新設工事現場で協力会社の作業員として働いているとしよう。元請け会社の工事所長から、敷地の境界にコンクリートブロックを積む作業を指示された。工事所長の言い方で次の二種類のうち、どちらの方がやる気が出るだろうか。

言い方A　「今日は、ブロックを1000個積んでくれ」

言い方B　「この辺りは小学校がなくて、子供たちは最も近い学校に通うのに片道で徒歩1時間も掛かるそうだ。だから、この新しい学校ができるのを心待ちにしている。今日は、運動場の側面で擁壁の仕上げにするブロックを積んでくれ。ブロックが1000個もあって大変だろうが、頼んだよ」

説明は不要と思うが、普通の感覚の持ち主なら言い方Bの方が断然、やる気が起こると思う。それはなぜだろうか。

ポイントは下線を引いた箇所だ。「子供たちが新しい学校ができるのを心待ちにしている」は、ブロック積みという作業の意味もしくは意義である。そし

て「運動場の側面で擁壁の仕上げにするブロック」というのは、作業の目的だ。

　要するに、相手にとって「さして重要な意味はない」と思えること（この例ではブロック積みの作業）に、意味・意義や目的を明確に示してあげることが最も大切なのだ。作業や行為の意味・意義、目的を自覚すると、人はがぜんやる気を起こす。次に挙げるのは組織内の例だが、勘所は対外コミュニケーションでも同様である。重要なポイントを示す分かりやすい例として紹介する。

──工事事務所で所長が工場長に指示

言い方A　「工事事務所に配属される新人△△君の名刺を手配してやってくれないか」

言い方B　「この工事事務所に新人△△君が来てくれることになった。早く一人前になれるように、君もサポートしてほしい。早速だが、彼が社会人として初めて手にする名刺を君に手配してもらいたいんだ」

　言い方Bの方が、言われた方はやる気がでるはずだ。「△△君が社会人として初めて持つ名刺」が行為の意味・意義、「早く一人前になれるようにサポートする」というくだりが行為の目的である。

──工事事務所で工場長が部下に指示

言い方A　「今日の作業の記録写真は、明日までに整理しておいてくれ」

言い方B　「今日の作業の記録写真は、明日の朝までに整理しておいてくれ。午後には発注者に渡さなければならないんだ」

言い方C　「今日の作業の記録写真は、明日の朝までに整理しておいてくれ。午後に発注者に渡さなければならないんだ。この発注者はインフラの維持管理に熱心で、将来の更新に備えて建設時の状況をきめ細か

く記録したデータベースを構築している。我々技術者から見ても、大切なことだと思わないか。それに我々にとっては、将来の更新ニーズで受注獲得の機会も期待できるしね」

　この例は少々変化球である。言い方Aが論外であることは分かってもらえるだろうが、Bの下線部「発注者に提出するから」も、相手（この事例では部下）に行為の意味・意義あるいは目的を実感してもらうためには不十分。相手にとっては「発注者に言われたから」という言い訳にしか受け取れないので、やらされ感が募ってしまう。
　言い方Cのように、発注者がなぜ写真を必要としているのか（「維持管理用のデータベース構築」＝行為の目的）、それに対応することで自分たちは何が満たされるか（「技術者として大切なこと」や「将来の更新ニーズも期待できる」＝行為の意味・意義）を相手にしっかりと示すことが重要なのだ。

　次に、相手の心を動かすパターンとして挙げた3類型で、2の「複雑に見えること」が単純化されたときについて、説明しよう。

　着工後の現場に協力会社から応援として加わったばかりの作業者に、工事や現場周辺について、あなたがレクチャーするとしよう。工法や現場の特徴、発注者の要望（ニーズ）や欲求（ウォンツ）、近隣住民への対応など、伝えなければならないことは山ほどある。これらを単にダラダラと話すだけで理解してくれる相手は、神様か仏様しかいないと思ったほうがいい。
　複雑なことほど、まずはできるだけ簡潔に整理して示さないと、普通の相手には伝わらないものだ。情報を単純化するためのテクニックはいくつかある。代表的な三つを次に例示する。

1 出来るだけ項目化する

　伝えたい内容は特徴やポイントをあらかじめ整理して、項目化したうえで話すようにする。例えば「この現場で採用している工法には三つの特徴がある。一つ目は通常工法より工期を10％短縮できること。二つ目は同じく原価を15％低減できること。そして三つ目は、同じく騒音レベルを半分に減らせることだ」といった具合である。

　私の経験では、1テーマ当たりの項目数は偶数ではなく奇数で整理した方が、相手の印象に残りやすいようだ。

2 適切で具体的な比喩や例え話を使う

　抽象的だったり、相手にとって解釈の幅が広かったりする内容は、具体的な比喩や例え話を活用して説明した方がいい。この場合、比喩や例え話の使い方には、次の二種類ある。

　まずは「相手にとってなじみがある比喩・例え話を用いて、なじみのない内容を説明する」という使い方。「すし詰めの状態」、「土砂降りの雨」、「猫の手も借りたい」といった表現がそれだ。「管更生工法とは、いわば既存管の内側をラップで覆うようなものだ」といった言い方である。

　もう一つは、「相手にとってなじみのない比喩・例え話を用いて、なじみがある内容を説明する」という使い方だ。分かりやすい例として、「なぞかけ」をイメージしてほしい。「〇〇とかけて、△△と解く。その心はどちらも□□」というやつだ。

　安全管理をテーマにばかばかしいお話を一席。「現場で生じる事故とかけて、SMプレイと解く。その心は、どちらもムチ（無知、鞭）から始まることが多い」。要するにこんな感じである。紋切り型に「現場の事故は無知から生じる」と言われるよりは、相手は心に留めてくれる。

3 分かりやすい「決めぜりふ」やワンフレーズを活用する

　ワンフレーズと言えば、「郵政民営化、あなたは○か×か」で選挙に大勝利したのが小泉純一郎元総理。最近では、「やられたら倍返しだ」という主人公の決めぜりふが有名になったテレビドラマがヒットした。

　こうしたワンフレーズや決めぜりふは、相手に強い印象を与える。受け手が中身をよく理解していなくても、良くも悪くもテレビの視聴率や選挙の投票行動に影響を及ぼす。プレゼンテーションでも、相手の心にグサッと刺さる言葉は、複雑な中身を単純化して伝えるうえで、とても効果的だ。

　「本工法は、まさに『夢を叶える魔法の工法』です」、「私はこの工事を通じて、地元の人に喜んでいただく『笑顔の伝道師』となります」。こんな感じだ。

　相手の心を動かすパターン3類型の最後は、3の「見えないこと」が見えたときである。いきなり閑話休題で恐縮だが、余談を一つ。先日、元アイドルであり今はマルチタレントとして活躍する女性有名人が登場していたテレビ番組で、面白い話を耳にした。番組の趣旨は、この女性有名人がやはり芸能人である夫との日常生活について、同じく出演していた心理学者に相談するという内容だった。

　その女性有名人の相談は、「夫は機嫌が悪いと、家の中にいても私を無視する」というもの。それに対して、心理学者は次のように問い掛けた。「ご主人はあなたに、逆に極端に甘えることはありませんか」。すると女性有名人は答えた。「あります。いい年なのに『ママちゃん、ママちゃん』と言って、膝枕をねだったり…」。

　私が「なるほど」と思ったのは、女性有名人のこの回答に対して心理学者が解説した次の言葉だ。「心理学的には、無視することと甘えることは一緒です。無視されたときには、『かまってほしいんだな』と捉えてください」。

心理学の専門家ではない人にとって、「無視する」と「甘える」は正反対の態度だ。しかし「心理学的には一緒」と解説されると、今まで見えていなかったものに「ハッ!」と気が付く思いがする。「目から鱗が落ちる」とはこのことで、意外性が強いインパクトとなって相手の話が記憶に残る。プレゼンテーションでも、こうしたインパクトを適宜盛り込むことが、相手の心を動かすうえで極めて有効なのである。

　誤解をしないでいただきたいが、心理学の専門家並みの知識を持つ必要があるわけではない。具体的な事例や論理的な裏付けを見せるだけで、相手に「ハッ!」と気付いてもらえる場合もある。また例えば、簡単な図面や模型を用意したり、動画で見せたりといったちょっとした工夫も、「見えないことを見せる」ために使える。ぜひ、あなたなりのやり方を試してほしい。

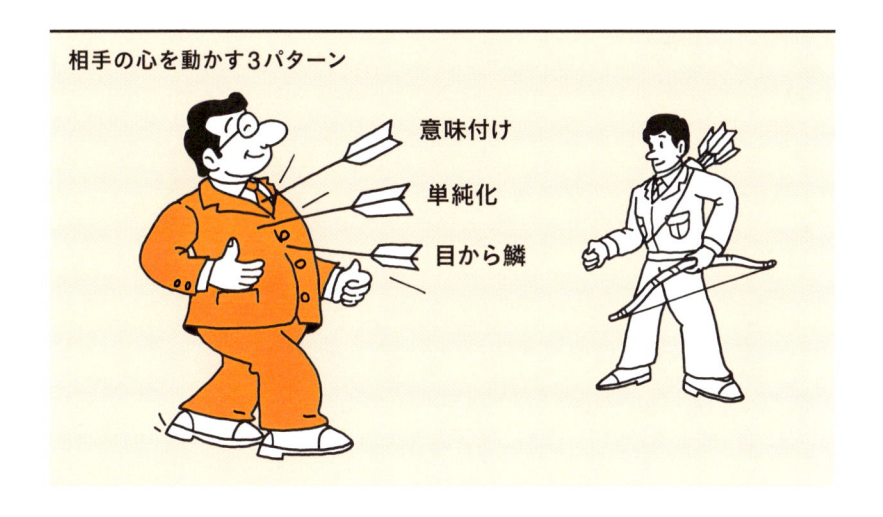

相手の心を動かす3パターン

意味付け
単純化
目から鱗

　ここまで、相手の心を動かすコミュニケーションテクニックの3原則について、解説してきた。もう一度おさらいすると、3原則とは、「重要な意味はないと思えること」に意味を見出したとき、「複雑に見えること」が単純化されたとき、「見えないこと」が見えたとき、である。冒頭でも触れた通り、対外コ

ミュニケーションを含めて、全てのコミュニケーションで使える原則と捉えてほしい。

　これらの原則を日常のなかで具体的に使いこなすためには、トレーニングが必要だ。自分一人で工夫してみるのもいいが、できれば周囲の人と研修などの機会を設けて、互いに批評し合いながらロールプレイ形式で練習する方が効果的である。

　とっつきやすい練習方法は、「自分の好きなものを相手に推薦する」ことをプレゼンテーションのお題にするやり方だ。「自分の好きなもの」とは、趣味や好物、日課、最近読んで感動した本・映画など、何でもいい。あなたのプレゼンテーションによって、相手（1対1の相手でもいいし、複数の聴衆でもいい）が「私も試してみよう」という気になるかどうか。それをお互いに批評し合うのだ。

　あらかじめ起承転結を踏まえたストーリー（＝台本）をまとめることと、ストーリーの構成要素に原則の1～3を上手に織り込むことが、プレゼンテーションのコツになる。トレーニングでは、次のページに挙げるチェックリストを使って、相手役の人が採点しよう。

> **チェックリストの配点は以下の通り**
> 1点：全くできていない。むしろ逆効果
> 2点：少しはできているが、全体として効果なし
> 3点：普通のレベルだが、さしたる効果は認められない
> 4点：普通以上にできていて、一定の効果は認められる
> 5点：しっかりできていて、高い効果を認める

プレゼンテーショントレーニング用チェックリスト

項目	コメント	採点
1. 服装など外見に乱れがないか ネクタイや服のボタン、靴、髪型など、外見を身ぎれいにしているか		/5
2. 声質をはきはき、明瞭に話す 口を大きく開き、場所や状況に即した声量で話しているか		/5
3. 笑顔、明るい雰囲気で話す 笑顔を保って、相手に対して明るい雰囲気で話しているか		/5
4. 体全体を使って話す 後ろ手を組んだりしないで、身振りや手振りを上手に取り入れて話しているか		/5
5. できるだけ数字や固有名詞を使う 数値や固有名詞など、明確で具体的な情報を十分に織り込んで話をしているか		/5
6. 重要なポイントは「ためて」話す 重要点はゆっくりと大きく、言い終わったら少しの「間」。この話法ができているか		/5
7. 意味が不明瞭な言葉や表現は使わない 「あの〜」、「え〜」といった無意味で不明瞭な言い回しを多用していないか		/5
8. 相手の顔を見ながら話をする メモなどを見たりしないで、話のストーリー（台本）が頭に入っているか		/5
9. 台本を工夫しているか 「つかみ→ピーク→エンド」の流れなど、話の台本を工夫しているか		/5
10. 起承転結で話しているか 意味の明確化、単純化、見える化で相手に内容をイメージさせることができているか		/5
	合計	/50

05 相手の「ノー」を「イエス」に変える

　コミュニケーションの場面では、こちらから相手に何かを求めたり、逆に相手から何かを求められたり、相手との間で葛藤が生じることがある。特に対外コミュニケーションでは、シビアな葛藤状況が生じやすい。

　葛藤状況において、お互いが納得する落とし所を見いだして相手との合意形成を行う能力が「交渉力」だ。交渉力はいかにして向上することができるか。それを以下で考えてみたい。

交渉時の基本的態度で大切な7項目

　交渉相手と対峙した際、あなたが交渉を有利に進めるうえで絶対に欠かしてはならないのが、次に挙げる7項目だ。

1 交渉マナーを守る

　元気がいい挨拶、適切な言葉遣い(丁寧語と謙譲語、尊敬語の使い方など)や言い回し、はきはきした声、相手の話に耳を傾ける態度など、コミュニケーションで常識的なマナーをきちんと守る。相手に無用な不快感を与えるのは、交渉のハードルを最初から上げてしまう恐れがある。足や腕を組んだり、頰杖をついたり、相手を指さしたりするのはもちろん論外だ。

> ×「そんなこと言っても、こっちは無理ですよ」
> ○「そうおっしゃられても、私どもには難しいです」

2 相手のことを考慮した表現手法を用いる

　交渉相手が現場近隣の住民などの場合、建設分野特有の専門用語や言い回しを理解できなかったり、誤解したりすることがある。このように、相手に応じて適切な表現や説明手法を用いることが大切だ。

> ✗「排水ボーリングを実施します」
> ○「管を打ち込んで地中の余分な地下水をくみ出します」

3 上手な質問で相手に言わせる

　こちらから話すばかりではだめで、相手に上手な質問を投げ掛けることも大切。特にこちらがメリットとして相手に伝えたいことは、相手がこちらに問い掛けたくなるような会話の流れの中で「答え」として示すようにしたい。こちらから相手への上手な質問は、こうした流れを誘導するために有効だ。

> ✗「この工法は、類似工法よりも工期を短縮できます」
> ○「いつまでに工事を終了させる必要がありますか」

4 交渉内容を記録する

　相手が抱く要望や疑問点は、交渉で最も重要な材料になる。またこちらが話したことは、いずれも相手にとって言質となる。したがって、交渉内容は必ずメモをとったり、録音したりして記録する。そうした記録をもとに合意事項や懸案事項などを書き出して、写しを相手に渡す。交渉ごとにその場で議事録を作成し、双方がサインするようにすれば、なお完璧だ。

5 提案では必ず複数案や比較候補を示す

　こちらからの提案は、いくつかの項目（メリット、デメリット、実績、費用など）の違いを評価できる複数案でまとめたり、比較候補を添えたりして相手に示すようにする。

> ✗「工法Aが最も良いです」
> ○「3工法を比較検討しました。工法Aは△△というメリットがありますが、□□というデメリットもあります。Bは…、Cは…。総合的に考えますと、この工事ではAが最も効率的で適していると考えます」

6 ひと目で分かる資料を活用する

　言葉だけでは分かりにくかったり、複雑だったりする内容を説明する際には、具体的な写真やパース、ポンチ図、模型などを使いながら話すようにする。先行事例の顧客などの声も、説得力のある材料だ。

7 価格などの金額提示は必ず根拠を添える

　価格に関する提示は、安易に値引きされないように正当性を裏打ちするしっかりした根拠を示す。品質や工期順守への貢献度、近隣住民対策や環境対策など、間接的に期待できるメリットも合わせて伝えるようにする。

> ○「この新工法は確かに、既存工法と比べて工事費が10％ほど高くなります。しかし既存工法よりも高い工事品質を確保できると同時に、工期も短くなります。また騒音や震動は測定値ベースで既存工法の5分の1、CO_2排出量も10分の1と、近隣住民対策や周辺の環境対策にも有効です。総合的に踏まえますと、工事費の増加分は十分価値があると確信します」

ロールプレイで練習する

　交渉時に欠かせない基本的態度の7項目は、ロールプレイ方式のトレーニングで身に付けよう。以下の事例を題材に、発注者役と施工する建設会社の担当者役に分かれて、それぞれの立場に基づいて「模擬交渉」を演じてほしい。お互いに自分や相手の良いところ、不十分なところを指摘し合うようにする。

[模擬交渉のテーマ例]

公園に併設する駐車場の建設工事だ。施工者は、当初設計に示されたU字溝の位置を変えてほしいと、発注者に変更提案を交渉。設計変更によって、原価を200万円低減することができる。施工者役と発注者役に分かれて、変更協議をしてみよう。両者の交渉を第三者の立場で評価する中立的な審査員役も立てる。

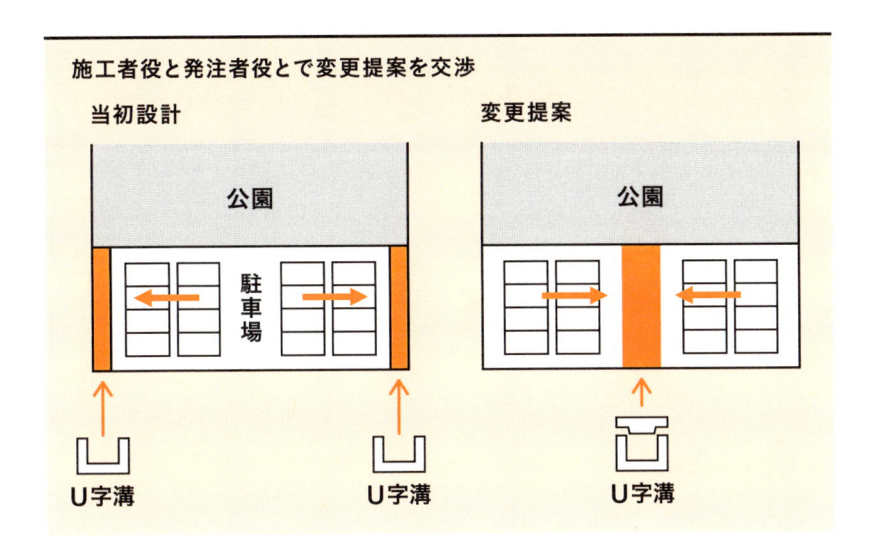

施工者役と発注者役とで変更提案を交渉

当初設計　　　　　　　変更提案

公園　　　　　　　　　公園

駐車場

U字溝　　U字溝　　　　U字溝

●事前準備

施工者役は説明内容と資料、および発注者からの質問を想定した回答案を準備。発注者役は、施工者の説明を想定して、あらかじめ質問や反論を考えておく。

●模擬交渉中と終了後

審査員役は「交渉時に欠かせない基本的態度の7項目」を基準にした次ページの採点表を用いて、両者をそれぞれ評価。その評価をもとに、3者で改善すべき点などをディスカッションする。

交渉実習採点表（各項目で5段階評価）

審査項目	評価（施工者役）	評価（発注者役）
1. 交渉マナーを守る		
2. 相手のことを考慮した表現手法を用いる		
3. 上手な質問で相手に「言わせる」テクニック		
4. 交渉内容を記録する		
5. 提案は必ず複数案や比較候補を示す		
6. ひと目で分かる資料を活用する		
7. 価格などの金額提示は必ず根拠を添える		

相手に「ノー」と言わせない話し方

　交渉を有利に進めるためには、相手の主張を取り入れた反論を用意し、相手に「ノー」と言わせないことが必要だ。その場合、次のような4ステップで話を構成すると効果的である。

ステップ1（起）： 自分の主張をまずは簡潔に述べる
ステップ2（承）：「確かに、○○の場合もある」と述べた後、続けて「しかし、△△もある」。「○○」には相手の主張や反論（こちらが推

察できる相手の考えでもいい）を織り込む。「△△」は、相手の主張「○○」に対するあなたの反論
ステップ3（転）：自分の主張に関する論理的な根拠、具体例などを解説。相手に「なるほど」と思わせる論理や具体例で
ステップ4（結）：ステップ1で述べた自分の主張の要旨をもう一度強調する。ステップ1より洗練された表現で述べる

　この構成で最もカギとなるのは、ステップ2だ。話の起承転結で言えば、「承」に当たるステップである。あなたの主張に対して相手が自分の主張を展開したり反論したりするつもりでも、それをあなたが先に示して論破してしまうことで、相手はやりにくくなるのだ。これを私は、「確かに＆しかし話法」と呼んでいる。

　以下に実際の話し方の例を一つ、紹介しよう。「成果主義に基づく給与制度の導入」をテーマにした例だ。

〈ステップ1：自分の主張を簡潔に〉
「我が社に成果主義給与制度を取り入れるべきだと考える」

〈ステップ2：「確かに＆しかし話法」を用いる〉
「確かに、成果主義には悪い面がある。最も問題なのは、成果が見えにくいことと、不公平感が生じることであろう。成果が直接的に見える仕事とそうでない仕事がある。営業部門であれば成果は見えやすいが、総務部などでは見えにくい。また工事部門でも、工事の採算性は工種や前提条件によってそもそも差がある。元々採算性の悪い工事の担当者は、不満を持つこともあるだろう」
「しかし、総務部などの間接部門でも、仕事の成果はある程度定量化が可能だ。また工事内容による採算性の違いも、得られた利益の金額評価ではなく受注時原価からの低減額を算出する方法を採用すれば、担当者が感じる不公平感を減らせるだろう」

〈ステップ３：自分の主張の論理的根拠や具体例など〉
「成果主義を取り入れない限り、競争の激しい時代に対応できない。これまでの日本型経営は"和"を重視するあまり、無駄も多かった。仕事をしない人でも年功序列で高い地位と収入を得た。だが、工事量が減少していくなかで、ライバル社とのさらなる競争激化は避けられない。社員全員がふさわしい能力を身に付け、それができないものに対しては、それに相応する待遇にとどめるべきだ。給与制度をそうした考えに基づく仕組みに刷新することで、社員全員が危機意識を持って努力するようになる。そうしてこそ、我が社は生き残ることができるのである」

「先行して成果主義型給与制度を取り入れた競合会社の話をしよう。A社では４年前にこの制度を導入した。以後の３カ年度で、売上高が30％、経常利益は40％向上した。また、その間の離職者は、通常の定年退職を除けば1人もいなかった。この同業者における先行例からも、成果主義型給与制度は有効であると言える」

〈ステップ４：自分の主張を再度、洗練した表現で〉
「これからの我が社は、競争の激しい社会を生き延びるために、不公平感のない形で成果主義の導入を積極的に進めるべきである」

自分の要望や欲求を示すだけではだめ

　あなたの主張や提案に「ノー」と言う相手。それを「イエス」に変えるためには、どんなコミュニケーション術が有効だろうか。

　そうしたテクニックはいくつかある。最も大切な点は、相手の本音をつかんだうえで、「イエス」と返答しやすい提案や選択肢を用意することである。あなたが、自分の要望や欲求ばかり示すだけではだめなのだ。以下で、代表的な七つのテクニックを紹介しよう。

1 相手が「欲しないこと」ではなく「欲すること」で話す

相手も人間なので「欲しないこと」よりは「欲すること」に耳を傾ける。例えば次の二つの例を比較してみよう。それぞれ前者の×は、相手の「欲しないこと」で話した例、後者の〇は「欲すること」で話した例である。

> × **あなた**「書類の提出はあと1日待ってください」
> **相手**　「だめです。待てません」
>
> 〇 **あなた**「最新の情報を加えて報告したいのですが、提出をあと1日お待ちいただけますか」
> **相手**　「新しい情報は欲しいね。1日くらい待ちますよ」

> × **あなた**「工事区域に入らないでください」
> **相手**　「『入らないで』と言われると入りたくなるなあ」
>
> 〇 **あなた**「工事区域に入ると、服が汚れますよ」
> **相手**　「現場を見たいけれど、服が汚れるのは嫌だからやめよう」

2 二者択一で選んでもらう

提案は代替案や対案とセットで、いずれにもメリットがあるように見える二者択一で示す。その際、相手がこちらの本命案によりメリットを感じるように選択肢を設定する。相手に本命案を選んでもらえれば、「イエス」と答えさせることに等しい。

> × **あなた**「この仕事を引き受けてください」
> **相手**　「忙しいので無理です」
>
> 〇 **あなた**「工事金額の高い△△工事と、利益を確保しやすい□□工事と、どちらがいいですか」
> **相手**　「どちらも魅力的だが、どちらかと言うならやはり利益を確保しやすい工事を取ろう」

> × あなた 「訪問させていただきたいのですが、ご都合はいかがですか」
> 　相手　「今は忙しいので、後日改めてご相談ください」
>
> ○ あなた 「来週の火曜日と再来週の水曜日では、どちらがご都合がよろしいですか」
> 　相手　「どちらかと言えば、来週の火曜日かな」

3 ほめるときは事実を根拠に

　人は誰も、ほめられるとうれしいものだ。しかし見え透いた「おだて」や「おべっか」は、かえって反感や警戒心を抱かせてしまう。そうならないようにするには、必ず事実を根拠にしてほめることだ。ほめる対象を相手1人に絞った方が、より効果的である。

> × あなた 「悪いが、明日の朝までに図面を仕上げてくれないか」
> 　相手　「今日は午後外出で、夜も約束が入っているのでできません」
>
> ○ あなた 「君の図面は『分かりやすい』と現場の職人から評判なんだよ。悪いが、明日の作業開始までにお願いできないか」
> 　相手　「職人さんにそう言ってもらえていると嬉しいですね。それなら私も、少し残業して仕上げましょう」

> × あなた 「明日の安全ミーティングに参加してください」
> 　相手　「私は安全担当ではないし、所用があるので参加できません」
>
> ○ あなた 「日ごろから、現場の安全性に関するあなたの指摘はきめ細かく、経験に基づく説得力を感じています。そうした知見をうちの若い技術者に話してやってもらえませんか」
> 　相手　「そう言われると弱いな。私でよければ参加しましょう」

4 「一緒にやろう」とアピール

　単に「あなたがやれ」と言われるのと、「私もやるから一緒にやろう」と言

われるのは大違い。言われた方は、「一緒に」というフレーズに愛情を感じて、よりやる気を出すものだ。

> × **あなた** 「あの作業ポイントには、職人向けに注意喚起の安全ポスターを貼った方がいい。つくってくれないか」
> **相手** 「私は職長ですが、そういうのはちょっと才能がなくて…。元請けさんでお願いします」
>
> ○ **あなた** 「あの作業ポイントには、職人向けに注意喚起の安全ポスターを貼った方がいい。一緒につくってくれないか」
> **相手** 「私は職長であまりそういう才能はありませんが、およばずながらお手伝いしましょう」

5 感謝の気持ちを先に伝える

　最近は公衆トイレなどに張られたマナーポスターに、「いつもきれいに使っていただき、ありがとうございます」というのを目にすることがある。お礼を言われる筋合いはないが、「ありがとう」と言われて嫌な気持ちになる人はいない。「きれいに使いましょう」と押し付けられるように言われるより、協力したい気持ちになる。

　この表現テクニックを応用して、何かをしてもらった後だけではなく、何かをしてもらう前にも「ありがとう」と言ってみよう。相手はあなたの依頼を断りにくくなる。

> × **あなた** 「専門工事会社の詰め所は、自分たちで毎日清掃してくれ」
> **相手** 「請け負い金額にそれも入っているんですか」
>
> ○ **あなた** 「専門工事会社さんの詰め所はいつもすっきりしているね。現場の雰囲気が明るくなるから、きれいに使ってもらって感謝しているんだ。うちの事務所も見習わなきゃいかんな」
> **相手** 「そう言われると、毎日掃除しないとな」

6 「はい」と受けて「ただし…」で条件付け

　交渉過程では、こちらの本意ではないが相手の注文に対して、肯定の姿勢を見せなければならない場面がある。そんなときは、「はい」と受けたうえで、「ただし…」とつなげて前提条件や制約条件、追加条件などを示す。このように条件付けすることは、最終的にこちらが損をしない合意内容に落とし込む足掛かりになる。

> × **あなた**　「厳しい金額ですが、仕方ありません。了解しました」
> 　　**相手**　「お願いします」
> ―――――――――――――――――――――――――――――――
> ○ **あなた**　「工事予算の減額は分かりました。ただし、完工予定日の2週間延長と、一部資材の現物支給を認めていただけませんか。そうすれば人件費と資材費を調整できて、当社も無理なく対応できると思います」
> 　　**相手**　「2週間程度なら年度末に間に合う範囲だし、一部資材の現物支給は内部で検討しましょう。金額を了解してもらえるなら、こちらも最大限努力しますよ」

7 相手の隠れた本音を引き出す

　交渉時に相手の中の隠れた本音を引き出せていない状態は、こちらにとって極めて不利な状況と理解すべきだ。例えば金額交渉で、相手が本音ベースでは「〇〇円までなら」と考えているのに、こちらはそれを読めずに、はるかに安い金額で妥協してしまう。そうした状況を招きやすいのである。

　相手の隠れた本音を引き出すために、使える慣用的な問い掛けがいくつかある。私の場合は「本当のところはどうなんですか」、「『△△』とおっしゃいますと…」といった問い掛けをよく使う。相手に自然な形で食い下がることができるとともに、相手に対して本音を吐露せざるを得ないような心理的効果を与えるフレーズだ。次ページに例示する。

> × 相手　「そんな金額では引き受けられません」
> 　こちら「そう言わずにお願いします」
>
> ---
>
> ○ 相手　「そんな金額では引き受けられません」
> 　こちら「確かに高くはない金額ですが、相場に照らして極端に安くはないと思います。金額だけが問題なんでしょうか。本当のところはどうなんですか」
> 　相手　「実は、この作業スケジュールだと同じタイミングで複数の案件がバッティングしているんです。その2カ月後は、逆に仕事の予定が少なくて困っているんですよ」
> 　こちら「分かりました。全体の工程を調整して、この作業は当初予定の2カ月後に掛かれるようにしてみましょう。それなら、この金額で引き受けてくれますか」
> 　相手　「いいところを突きますね。それなら引き受けましょう」

> × 相手　「あなたのご希望は了解できません」
> 　こちら「そう言わずにお願いします」
>
> ---
>
> ○ 相手　「あなたがご希望の金額は、そのままでは了解できません」
> 　こちら「『そのままでは了解できない』とおっしゃいますと…」
> 　相手　「お互いに痛み分けとしてうちの上司に報告できるように、あなたの方にも何か譲歩してもらいたいのです」
> 　こちら「なるほど。では使用材料を△から□に変更して、そちらの資材費負担を2割減らすというのはどうでしょう」
> 　相手　「資材費負担を2割減らしてもらえるなら、そちらの希望金額でも対応できる余地があるかもしれません」

　ここまで、相手の「ノー」を「イエス」に変えるうえで代表的な七つのテクニックを紹介してきた。こうしたテクニックは、他にもたくさんある。プレゼンテーション技法として先述したように、相手が理解しやすいストーリーに整理したり、具体的にイメージしやすい表現方法を用いたりして説明することも、その例である。

　また、相手の「ノー」という返事に簡単には諦めず、いわゆる「KKD(勘、

経験、度胸)」を頼りに粘りに粘る姿勢も、泥臭いかもしれないが生き延びることにつながるのだ。

相手の「ノー」を「イエス」に変える

ノー → イエス

CHAPTER4
日常の様々な機会にスキルを磨く

01 朝礼で現場を活性化する

02 会議を元気にする

03 コミュニケーションの要は雑談力

01 朝礼で現場を活性化する

　現場のコミュニケーションを良くするうえでは、理屈を知るだけでなく、ひたすら実践することが大切だ。失敗してもいいから、日常の様々な機会を通じて、挑戦してみよう。

　前章までに述べてきたように、コミュニケーション術の実践機会は現場にたくさん転がっている。決して特別な機会ではなく、既にあなたが日々経験している場面の方が圧倒的に多いはずだ。この章では、そうした機会を改めて考え直してみたい。まず最初に、多くの会社や現場で日常的に行われる朝礼活動に焦点を当ててみる。

やり方次第でメールなども有効

　建設業では、多くの会社が社内や現場で朝礼を実施する。私も時々見学させてもらうことがあるが、効果的に行っているケースは残念ながら少ないと感じている。当日の作業予定や簡単な体操などを行う例が多いが形骸化しており、参加者たちも「早く終わってくれ」というマンネリ感が表情に出ている。これでは、コミュニケーション活性化のうえで意味がないのだ。

　他方、朝礼に意識的に力を入れている建設会社も多い。例えば、ある地方の建設会社の場合は毎朝、社内で朝礼を開いた後、現場担当者はさらに現場でも朝礼を実施する。

　社内での朝礼は朝7時、現場では朝8時からである。この時間帯なら、社内の担当者も現場の関係者も、特別のことでもない限り、用事は入らないので、確実に皆で顔を合わせて話すことができる。朝の爽やかな空気の中で行う朝礼によって、その日の活力も湧くというものだ。

　会社によっては、全員が必ず早朝に集まることが難しい状況もあり得る。現

場に出る担当者には確かに負担になるうえ、会社から遠い場所の工事では、社内の朝礼にまで出席するのは現実的に無理な場合もあるだろう。こうした場合は、メールなどを上手に活用する方法もある。例えばそうした現場の人たちには、朝礼で伝えるべきことを一斉メールで送るのだ。

朝礼の本質的な目的とは、参加者全員でその日の互いの様子（顔色チェックなどを含めて）を確認し、必要な情報のやり取りを行うことにある。加えて、組織やチームのモチベーションを高めることも狙いだ。それらが満たされなければ朝礼を行う意味がないし、逆に言えば、満たされるならばメールなどのツールもどんどん使えばいいのだ。

ある中小建設会社では、各現場の責任者が社長宛てに毎日、終業後にその日の日報をメールで送る。社長は翌日早朝、前日の日報に感想や必要な指示などを細かくコメントを書き込んで返信。返信する際は、報告した現場責任者に加えて、社員全員にも同報で送る。その返信メールが"全社朝礼"の役割を果たしている。例えば下記のようなやり取りだ。

[コメントのやり取り例1]

現場　「発注者から連絡があり、明後日に来場するとのことです」
社長　「安全点検の重点箇所を今日中に再チェックして、状況を社長に報告してください」

[コメントのやり取り例2]

現場　「道路を挟んで現場の前にある幼稚園の園長から、『横断する園児を警備の方がいつも笑顔で誘導してくださって、ありがとうございます』とお礼を言われました」
社長　「うれしいですね。警備スタッフにも園長の言葉を伝えて、私からのお礼も伝えてください。またこの話は今日の朝礼で必ず、現場の全員に披露するように」

このように、短文でもいいからお互いにきめ細かく返信し合い、それを皆で共有する仕組みを設ければ、メールでも「連絡事項を確実に伝え合う」、「お互いの本音や気持ちを伝え合う」、「組織やチームのモチベーションを高める」というコミュニケーションが成立する。特にインターネットに慣れている若い層は、こうした方法も十分有効だと思う。

話のネタややり方はいろいろ

朝礼、もしくはそれを補う何らかの仕組み（メールなどを使った仕組み）を設けたとして、何を話せばいいか。こうした機会にコミュニケーションのテーマとなるのは、次の4種類に大別できる。「理念」、「あらかじめ設定した課題」、「目標とその進捗」、「モチベーション向上につながる話題」の4種類だ。話題によっては、複数の種類のテーマに基づく場合もあるだろう。

「理念」とは、自社の経営理念や現場独自に定めた標語などのこと。朝礼の際にこれらを唱和する例は結構あるが、形骸化しやすい面もある。この種のコミュニケーション・テーマは、できるだけ具体的にやるべき行動に落とし込んだ話題に仕立てた方がいい。

「顧客満足度を高める」という経営理念について、話をするとしよう。「顧客満足度を高めるように行動してくれ」とだけ伝えても、抽象的で受け手の心には響かない。そこで例えば次のように、「具体的にやるべき行動」を盛り込みながら話すようにする。

「近隣の住民は、現場で働く皆さんの行動を見ていないようで見ているものです。何か聞かれたとき、丁寧に受け答えしていますか。現場内や周辺をいつもきれいにしていますか。このバイパスが完成すれば、近隣住民にとっては従来よりも便利になりますが、私たちはそれを造るだけでは不十分。住民が工事に悪い印象しか持たなかったら、完成後にいい気持ちで使ってくれるでしょうか。だから私たちは、住民ができるだけ嫌な思いをしないように配慮する必要があ

る。それが『顧客満足』というものなのです。皆で顧客満足度の高い現場にしようじゃありませんか」

　この例では「何か聞かれたとき、丁寧に受け答え」、「現場内や周辺をいつもきれいに」が具体的な行動。その行動が、顧客満足度を高めるうえで大切であることが伝わる文脈になっている。すなわち聞き手は、「顧客満足度を高める」という抽象的な理念を具体例で理解することができる。

　次に「あらかじめ設定した課題」というコミュニケーション・テーマについて。これは、例えば「現場をきれいに」といった標語的な課題を題材にするものと考えてほしい。この種の標語を現場に掲げる例をよく見かけるが、単に掲げるだけではやはり形骸化するだけだ。実践的な活動に落とし込まなければ意味がない。
　そこで、「どう実践するか（あるいは、したか）」をコミュニケーション・テーマにするのだ。お互いに発表し合う形にすると、朝礼の活性化のためにはより効果的である。「私の作業箇所は本日、昼食後30分を清掃の時間に当てます」、「入り口の看板を取り付けた針金が1カ所外れていたので直すとともに、現場周囲の全ての看板を点検してきます」といった具合だ。

　「目標とその進捗」の場合も、担当者が発表し合う形式のコミュニケーション方法が効果的だ。昨日までの反省点、現時点での目標や進捗を整理したうえで、「今日、やるべきこと」を発表してもらう。
　例えば「工期を全体で1週間短縮する」という目標があるのなら、「今週は施工図ベースでここまで進める」といった具体的なスケジュールや、付随して実施しなければならないことなど、具体的な計画に落とし込んで発表し合う。互いの作業の状況も分かり合えるうえに、発表者にとっては「言ったからにはやらねば」とやる気にもつながる。

　「モチベーション向上につながる話題」はいろいろある。大手の建設会社な

どでは、朝礼用のネタ本を配布しているところもあるが、ただそれに倣うだけでは、聞き手のやる気は起きない。話し手は「自分が聞いてもやる気が湧くか」という点を意識して、話すネタを整理すべきなのだ。

　朝礼の場合、多くの参加者はまだ眠い。これから1日の作業が始まると思うと、気が重く感じている人もいるかもしれない。だから「耳で聞いてもらう」のではなく、「"身体"で聴いてもらう」ようにすることがモチベーション向上には有効だ。
　例えば社長や現場所長などの進行役は、まず自ら大きな声で「おはようございます」と挨拶し、聞き手にも同じくらい大きな声で挨拶してもらう。「お互いに腹から声を出そう」と促すのだ。簡単な体操を取り入れている建設会社も多いが、これも元気よく大きな声を出して行うようにする。

　私の知り合いのあるベテラン工事所長は、いつも朝礼で「今日も元気で頑張ろう」と大きな声を出して、全員と握手する。部下同士や協力会社の担当者同士にも、同じように声を掛け合いながら互いに握手してもらう。端から見ていると妙な光景ではあるが、身体を使ったコミュニケーションの好例だ。

　また別の工事所長の場合は、部下の一人ひとりに「組織・チームの仲間の誰かに『ありがとう』と言う」という課題を与え、朝礼で毎回、大きな声で発表してもらっている。

「先輩の〇さん、昨日はお手伝いいただいて大感謝です！」
「設計の△さん、図面修正を間に合わせてくれて助かりました！」
「事務の□さん、差し入れのお菓子がおいしかったです！」

　このように、仕事に直結することから日常のささいなことまで、お礼のネタは何でもいい。こうした手法も、組織・チームを構成する一人ひとりのモチベーションを上げることに効果的。毎日続けていると、参加者のなかにはネタに

困って、ユーモアで乗り切ろうとする人も出てくる。笑いを取れれば、それはそれで皆が明るくなり、互いのコミュニケーションも活性化する。

　私はこの工事所長の取り組みを「サンキューコール」と名付けて、コンサルティングなどで訪ねる他の建設会社にも現場での実践を勧めている。
　「ありがとう」と言われて嫌な気持ちになる人はいない。しかし、照れくささや口下手からか、感謝の思いを相手にうまく表せない人も少なくない。「サンキューコール」は、感謝の気持ちを表現するコミュニケーション手法を半ば強引に身体で覚えてもらうやり方と言える。相手に感謝の気持ちを持つこと、すなわち「感謝力」もコミュニケーション力の重要な要素である。感謝力を高めることは、コミュニケーションのスキル向上にもつながる。

朝礼で代表的な四つのテーマ

- あらかじめ設定した課題
- モチベーション向上につながる話題
- 目標とその進捗
- 理念

ここまで朝礼の話をしてきたが、「夕礼」についても少し付け加えておこう。夕礼の実施を義務付けているケースが建設会社でどれくらいあるのか、実態はよくは分からない。大手クラスの建設会社でも、朝礼は義務化している会社が一般的だが、夕礼の実施は現場責任者によってまちまちと聞く。
　私は、夕礼もできれば実施した方がいいと思っている。組織やチーム内のコミュニケーションの機会は、多いほどいいからだ。

　ある大手建設会社の工事所長の場合は、次のような手法で朝礼・夕礼を行っている。朝礼は連絡事項や当日の工程確認といった事務的な内容を中心に、夕礼は終業後に自社の部下だけ集めて10〜20分程度、自由に発言してもらう形で行っている。
　「夕礼では、悩んでいることやうれしかったことなど、一人ひとりに何でもいいから1分間話してもらうようにしている」とこの所長は話す。お互いに本音を共有して、悩みなどを一人で抱え込まないようにすることが目的だ。発表者が打ち明けた担当作業上の悩みに対して、別の人からうまい解決策が出ることも多いという。こうしたコミュニケーションも、チーム力を高めるうえで効果的だと思う。

02 会議を元気にする

　「会議」も朝礼とともに、現場で定例的に存在するコミュニケーション機会の一つだ。朝礼との違いは、どちらかと言えば会議の方が双方向コミュニケーションが多いということだろうか。

　朝礼と同様に会議も、中身や進め方が形式化してしまうと参加者は義務的に参加するだけで、苦痛の場でしかなくなる。参加者が「大事なことは後で直接、相談しよう」と考えるようになってしまうと、もはや会議を開く意味がない。そうならないように、会議の場を活性化して実りある内容にするにはどうしたらいいのだろうか。

会議の前提として必要なこと

　「会議を開いても毎回欠席者がいる」、「ほとんどの参加者が義務的に参加している」。こうした状況は、多くの会議の場で珍しくないかもしれない。

　その反面、効果的な仕組みが定着し、一人ひとりが会議に積極的に参加している会社の例も少なくない。そうした会社の手法に共通している特徴がある。「会議ごとに目的を明確化する」、「会議の中身で曖昧さを放置しない」、「会議での議論を参加者の教育の場と位置付ける」という3点だ。

　まず会議の大前提として欠かせないのは、「目的を明確化する」だ。具体的な目的はいくつかある。主だったものを下記に整理してみよう。

1. 提示された案や課題を全員で判断し一定の結論や方針を出す
2. 結論を出すまでのプロセスを全員で共有する
3. 議題として挙がるテーマに含まれる要素を細分化し、参加者がそれぞれ自分の作業や行動に置き換えて、対策などを検討する
4. 具体的な行動を「誰が、何を、いつまでに」を決める
5. 決定事項の進捗確認を行い、さらなる課題を洗い出す

会議の目的でまず大切なのは、議題として挙がる案件について「誰が、何のために行っているか（あるいは、これから行うか）」を明らかにすること。1〜3はまさにそれだ。例えば担当者一人では判断しかねる問題や課題も、皆で共有化することで解決策が見えてくることも少なくない。これが会議の本来の機能なのである。

さらに、具体的な行動（課題に対する対策など）に関する役割分担を明確化し、進行中の案件に関する進捗管理と情報共有を行うことも、会議の明確な目的となり得る（4と5）。
　進捗管理を通じて新たな課題などが浮かび上がることも多く、それも会議の重要課題になる。つまり1〜5は、ループのように繰り返す流れでもあるのだ。

　会議を上手に実施している会社に共通するポイントの二つ目は、「曖昧さを放置しない」という点だ。言い換えれば、先述した1〜5を不明瞭にしたままで会議を終了しないという点である。
　不確定要素がいくら多くても、1〜5のレベルで明確化できないことは、それほどないはずだ。要するに、曖昧さによる行動の停滞を排除することが重要なのである。「よく分からない要素もあるが、とりあえずできることからやってみよう」。組織やチームの責任者にリーダーシップが求められるのは、まさにこうした場面だ。
　誤った判断は弊害を招くものだが、「決めないこと」によって実害がさらに拡大することも少なくない。決断を棚上げして次に進むことがないように習慣付けることが、会議の運営ではカギになる。

　三つ目の共通ポイントは、「参加者の教育の場として位置付ける」である。会議は参加者全員に物事を論理的に考えて決断するスキルを養ってもらう機会、と捉えるのだ。
　リーダーは、こうした考えを日ごろから参加者たちに繰り返して伝えることが欠かせない。いわば"刷り込む"ことが必要なのだ。

会議の前提として必要な3点
- 参加者の教育の場と位置付ける
- 目的を明確化する
- 曖昧さを放置しない

ひと味違う会議にする進行テクニック

「だらだらした話に終始して、会議がピリっと締まらない」。このようにじれったく感じた経験は、誰にでもあるだろう。ではひと味違う会議にするためには、どうすればいいのか。進行役となる組織・チームのリーダーは、以下に挙げるいくつかのテクニックを覚えておくべきだ。

まず発言は、参加者それぞれ1回30秒以内にまとめてもらう。この発言時間は、実は、テレビの討論番組で設けられている目安だ。会話において一方の発言が30秒を越えると、聞き手は徐々に全体を理解しにくくなり、耳を傾けようとするモチベーションが下がってしまうからということらしい。会議の場でも、この目安を参考にするといいだろう。

単なる感想や根拠がはっきりしない意見のやり取りに陥らないようにすることも大切。会議の場で本当にやり取りすべき中身は、突き詰めると「提案」、「質問」、「要求」である。単なる感想や根拠薄弱な意見のやり取りばかりが続くと、

肝心の中身が見失われる。そうした際に進行役は、逆に「提案」や「質問」、「要求」を上手に使い分けて会話の流れを引き戻す必要がある。
　例えば全体の雰囲気を変えるために、少々突飛な「提案」をぶつけてみる。相手の発言を理解したとしても、あえて「君の言う○○とは、言い換えると△△ということかい？」などと、別の言い回しを用いたり、発言の趣旨を簡潔に要約して、質問する形で突っ込む。これも"ダレ気味"のやり取りにアクセントを付ける効果を見込めるコミュニケーション上のテクニックだ。

　他方、会議の議題によって参加者のモチベーションは変わるものだ。だから、できるだけ「うまくいっていること」や「楽しいこと」から議題に挙げるようにする。
　コンサートや演芸場の舞台などで本番前に司会役や前座が会場を盛り上げることを「観客を温める」と表現するが、それと似ている。会議の場でも、まずは参加者を温めることが必要なのだ。

　会議の場を温めることからスタートしても、重い議題に入るとやり取りも沈滞しがちになる。そうした状況では議論が問題の所在を突き詰める「なぜ（Why）」の方向ばかりに向かって、袋小路に入りがち。そんなときは、「質問」で切り替えるのが効果的だ。「なぜ」から少し離れて、「どうしたらいいか（How）」の議論へと切り替えるようにするのである。

　例えば、周辺住民から重機の騒音に関する苦情がきたとしよう。苦情の理由（＝なぜ）は、住民が重機の稼働音をうるさいと感じたからだ。だが、工事で重機を使わないわけにはいかない。したがって「どうしようもない」と、議論は袋小路に入ってしまう。
　そこで「周辺住民に喜んでもらうためには、どうしたらいいか」と、会議の流れを切り替える。「重機を主役に、子供向けのイベントを開けないか」、「この工事の意義や現在の進捗をきめ細かく解説した『現場新聞』をつくって、近隣に配ってみたら」など、いろいろなアイデアが出てくるだろう。この種の苦

情は周辺住民とのコミュニケーション不足が背景にある場合が多いので、実際、こうした対策が結果的に奏功するケースも少なくない。「重機の騒音」だけにこだわっていては、こうしたアイデアはなかなか生まれてこない。

　余談だが、ある地方の建設会社でまさにそうした事例がある。この会社では、社長のアイデアで自社の重機に動物柄を塗装。キリンに見立てて編み目模様に塗られた大型クレーン車など、地元の子供たちに大人気となった。幼稚園や小学校から招かれて、こうした重機の子供向け写生イベントにまで発展したという。
　この社長のアイデアも元々は、「工事というと周辺住民に迷惑がられる」という悩みから生まれたものだった。子供たちに喜ばれるようになると、大人からも現場担当者が気軽に声を掛けられるようになるなど、住民とのコミュニケーションが格段に良くなったという。

　会議の進め方に話を戻そう。参加者の中には、自分の意見をあまりはっきり言わない人もいる。あえて聞いても、「〇〇さんと同じです」と小学生並みの返事に終始するばかり。性格にもよるのだろうが、進行役としては、こうした人にもできるだけ話してもらうために意見を「要求」する必要がある。

　例えば、参加者個々の意見を聞きたい議題があるのなら、それぞれの意見をあらかじめメモ書きしてもらう。それをもとに、順番に発表してもらうのだ。こうしたやり方なら、「〇〇さんの意見と同じです」とは言えなくなる。

　私の場合はかつて、現場などでの会議では、A4版の紙を6等分した程度の大きさに切った紙を用意して「これに意見をメモ書きしてくれ」と部下たちに渡していた。この紙の大きさが、実は非常に重要なポイントなのである。
　この程度の大きさでは、あまり多くは書き込めない。一言程度でも、大きな字で書けば白く残る部分があまり目立たないので、書く人のプレッシャーも少ない。目的はメモを書かせること自体ではなく、意見を発表してもらうことなので、これで十分なのだ。

会議は終わり方も重要

　会議の目的は、「決めること」である。決めたことをそれぞれが実行し、次の会議に成果を持ち寄って、さらなる高いステージへとつなげるというサイクルを構築する必要がある。その点で会議は毎回、終わり方も極めて重要なのである。会議を終える際に、必ずやるべきことが三つある。下記の通りだ。

1. 会議の目的に対する合意点の整理
2. 参加者それぞれが具体的に実施すべき行動の確認
3. 実施する行動を参加者それぞれが全員の前で宣言

　1の「合意点の整理」は、進行役である組織・チームのリーダーの役割である。「何を決めることが目的だったのか」、「実際に何が決まったのか」、課題として残したことを含めて整理して参加者同士で共有するのである。
　2の「これから具体的に行う行動の確認」で重要な点は、「誰が、何を、いつまでに行うのか」を明確にすること。下のように、簡単でいいから「TO DOリスト」にまとめる。

TO DOリスト（　月　日付）	担当者	実施期日	✓
見積もりを取って近隣広報用の看板作成費を調べる	A君	明日の朝礼で状況を報告	☐
過去の工事資料を当たって、類似作業の歩掛かりを調査する	B主任	今週中。来週の会議で発表	☐
○○の案件について協力会社と工程の打ち合わせをする	C工事長	明後日午後までに所長に報告	☐
△△の案件について発注者への変更提案用資料を作成する	所長	今月中。週間会議で進捗を説明	☐
××案件で実行予算書を精査し、コスト負荷の最大要因を探る	D主任	月末まで。週間会議で進捗を説明	☐

このような「TO DOリスト」を会議後にすぐにまとめて、全員に配るのだ。単にリストにまとめるだけでなく、具体的なタイミングを示して、進捗を報告し合うようにすることが重要。「明日の朝礼で、とりあえず分かったことを知らせてくれ」、「今週中に実行して、週明けの会議で報告してくれ」など、進捗の確認をいつ、どのような頻度で行うかをはっきり決めておくことが大切だ。

成果に達しなくても、最低1週間に1回は状況を報告・発表してもらうようにすべきだ。進捗をまめに報告したもらった方がいいというのは、実行作業の過程で新たな問題や障害が浮かび上がった際に、担当者一人で悩むのではなく、早い段階から全員で対応策や修正策を考えることができるからである。

この種のリストと同時に、議事録も作成する。箇条書き程度でもいいから、できるだけ会議当日中にまとめて、全員に回覧する。議事録を当日中にまとめられるならば、「TO DOリスト」とセットにするとより分かりやすいだろう。

3の「やるべきことを全員の前で宣言」は、2とセットと考えればいい。リーダー自身を含めて参加者一人ひとりに、自分が何をいつまでに実施するか、会議参加者たちの前で口に出して言ってもらうのだ。つまり「やる」という宣言である。担当者当人にやる気を引き出してもらうためだ。

ここまで会議を元気にする進め方について、説明してきた。重要なポイントと、説明しきれなかった細かな実践手法を加えて、時系列に整理して次ページ以降で表にまとめてみた。

事前準備

課題	具体的に実践すること
会議の目的を明示する	・事前に、参加者に議題を周知。議題は「連絡・報告事項」、「調整が必要な案件」、「決めなければいけない案件」に整理しておく ・参加者の意見を求める必要があるなら、会議で個々の意見を簡単なメモで提出してもらう
参加者の出欠を確認にする	・あらかじめ参加者一人ひとりの出欠を確認する
必要な資料を準備する	・進行役が配付する資料のほか、報告・発表の予定がある案件や、調整や決議が必要な案件に関わっている担当者にも資料やメモなどを用意してもらい、事前に参加者に配付する
役割分担と進行手順を決めておく	・進行役や報告・発表を行う担当者をあらかじめ確認しておく ・議題の検討順はあらかじめ決めておく。会議の場を"温める"ために、「楽しい話」を先に。参加者間の自由討議など一定の時間が必要な議題がある際には、進行役は時間配分をよく考えておく ・議事録と「TO DOリスト」をまとめる記録担当者をあらかじめ指名しておく

↓

会議中

課題	具体的に実践すること
会議の目的と進行予定を示す	・「何をする会議か」を冒頭で参加者に説明する。特に「この会議で決めるべきこと」は明確に伝える ・会議の所要時間（「今日の会議は1時間」、「20時までに終えよう」など）と、議題の検討順やおおまかな時間配分を参加者に明示する
会議の生産性を常に意識して進行する	・あらかじめ決めておいた検討順に進行する ・「連絡・報告事項」は、必ず資料やメモで説明する ・「調整が必要な事項」については、問題などの所在を参加者全員に共有したうえで、各担当者の考え（事前に回覧したメモ・資料に基づいて）を皆で共有する ・議論が単なる感想や根拠のない意見のやり取りに終始し始めたら、問題の所在の追究から少し離れて、「どうすればいいか」という議題に流れを変える ・最初に示した予定時間をオーバーする場合は、参加者に都合を確認する。状況によっては、別の機会での追加開催や、次回会議への持ち越しといった予定を決める

↓

会議終了時とその後のフォロー

課題	具体的に実践すること
終了前に議論全体をまとめる	・当該会議の目的に対する合意点を整理する ・参加者それぞれが具体的に実施すべき行動を確認し、「TO DOリスト」にまとめて配付する ・参加者それぞれに実施すべき行動を全員のまえで宣言してもらう
決定事項の実行段階におけるフォロー	・できれば会議当日中、遅くとも1日以内に、議事録をまとめて参加者に配付する（「TO DOリスト」は議事録とセットでもよい） ・「TO DOリスト」に示した進捗管理のタイミングごとに、担当者の報告や発表を求める ・「TO DOリスト」を実行するうえで新たに浮かび上がった問題や障害などは、リーダーが集約して次の会議、あるいは緊急会議において議題に挙げる

「決めない会議」の進め方

「会議とは、決める場である」と申し上げてきたが、中にはそれと少し異なる種類の打ち合わせもある。例えば、情報交換やアイデアのネタ出しといったブレーンストーミングを目的とする打ち合わせなどが、その例に該当するだろう。こうした打ち合わせは、必ずしも何かを決定することがゴールではない。

こうした打ち合わせの際に進行役を務める組織・チームのリーダーに必要なコミュニケーション上のテクニックについて、簡単に触れておきたい。大事なのは、次の3点だ。

1. 発言者の話をよく「聴き」、相手の意見を尊重する
2. 自分の考えを簡潔に分かりやすく伝える
3. 正誤にこだわりすぎたり、無理に結論付けたりしない

あえて上の3点には含めていないが、この種の打ち合わせは大前提として、参加者一人ひとりが「何かを決める場ではない」ということを認知している必

要がある。

　「会議で部下からの意見が出ない」、「うちの会議は何も決まらない」。そんな風にぼやく前に、リーダー自らが会議をどう運営しているか、見つめ直した方がいい。「何かを決める場」なのか、「決めなくてもいい場」なのか。それをあらかじめ明示するだけでも、参加者の心構えや参加意欲がずいぶんと変わってくるはずである。

03 コミュニケーションの要は雑談力

現場でのコミュニケーション機会は、当然だが朝礼や会議だけではない。コミュニケーション上のテクニックについていろいろと述べてきたが、要するに、同じことを伝えるにもちょっとした工夫で効果が大きく違ってくるということを理解していただきたいのだ。

話し上手の人がいれば、話し下手の人もいる。前者の方が、コミュニケーションで苦労することは相対的に少ないかもしれない。話し上手と話し下手の最大の違いは、どこにあるのか。私は「雑談力」の有無と考えている。逆に言えば、雑談力こそコミュニケーションの最も本質的に必要なスキルとも言えるのではないだろうか。

話し下手を自認する人も、諦めるのはまだ早い。雑談力もある程度のテクニック次第で、ぐっと向上するからである。そうしたテクニックをいくつか紹介してみよう。

雑談力を高めるテクニック

工事所長や現場代理人といった現場のリーダークラスと話すと、その会社を代表するような注目工事現場を担当していたり、工事成績評定などで優秀な実績を重ねてきたりしている人ほど、雑談力が際立っている。

現場の部下や協力会社の作業者などはもちろん、発注者側の担当者や近隣住民といった外部とのちょっとしたやり取りもそつがない。こうしたリーダーがいる現場は工事の緊張感の一方で、安心感というか、一種の落ち着きというか、一人ひとりがリラックスして冷静に作業に取り組む雰囲気が醸成されているものだ。リーダーの存在がミスや事故、クレームといったトラブルを防ぐうえで果たしている役割は大きい。

こうした雑談の"達人"たちのコミュニケーション手法に共通するポイントがいくつかある。主だった五つを説明しよう。

［ポイント1］挨拶には必ず「＋α」を添える

一つ目のポイントは、挨拶を形式化・形骸化させないで、その機会機会が生きたコミュニケーションとなるように心掛けることだ。そのために、挨拶には必ず「＋α」となる一言を付け加えるのだ。

例えば「おはようございます」とだけ声を掛けたとして、相手側も特別の用事がなければ「おはようございます」と返すだけ。言葉のやり取りを続けるためには、もう一言、添えてみよう。

［例1］

上司　「おはよう。昨晩の野球ニュースを見たかい？」
部下　「おはようございます。見ましたよ。ひいきのチームが勝ってくれて、すきっとしたね」
上司　「君はあのチームがひいきなのか。トレードで今シーズンから入ったピッチャーは調子が良さそうだね。……」

［例2］

工事長　「お疲れさまです。何だか顔色がいいですね。いいことがありましたか？」
職長　「どうも、どうも。今日は若い職人が頑張ってくれてさ。思っていた以上に進んだよ。これなら、あと小一時間で上がれそうだ」
工事長　「そりゃ、いいですね。明日は休工日だし、終わったら帰りに一杯行きましょうよ。……」

一言を添えることで、単なる挨拶は会話に変わっていく。これが雑談力であり、コミュニケーションを良くするうえで重要な役割を果たすのだ。

CHAPTER4

［ポイント2］話題の定番は「木戸に立てかけし衣食住」

挨拶に付ける「＋α」は、どんな話題を持ってくればいいか。話し下手の人は、そこでつまずいてしまう。「どんな話題を切り出したらいいのだろう」と壁にぶつかってしまう。

話題を頭に思い浮かべるきっかけとして、便利なキーワードを教えよう。それが「木戸に立てかけし衣食住」である。これだけでは何のことか、分からなくて当然。解説すると、以下の通りである。

き　季節に関する話題
「桜が八分咲きになりましたね」
「そろそろ春一番が吹く頃ですね」

↓

ど　道楽（趣味）に関する話題
「最近は、ゴルフの調子はどうですか？」
「日本ダービーは、荒れそうですね」

↓

に　ニュースに関する話題
「近くの小学校で食中毒があったらしいね」
「サッカーの日本代表が勝ちましたね」

↓

た 旅に関する話題
「最近、どこかに旅行されましたか」
「先週末に小旅行をしてみたんですよ」

て 天気に関する話題
「先週の大雪はまいりましたね」
「今日は夕方から雨になるそうですね」

か 家庭や家族に関する話題
「うちの娘と一緒に家を出たんだが、反抗期でね」
「お子さんは今年、何年生になりましたか？」

け 健康状態に関する話題
「今日は顔色がいつも以上にいいですね」
「何だか眠そうですね。昨晩は飲み過ぎですか？」

し 仕事に関する話題
「先日の君の提案を発注者がほめていたよ」
「いつも、いきいきと仕事をされていますね」

CHAPTER4

衣 衣服に関する話題
「そのネクタイ、お似合いですね」
「その豆絞りの手拭い、イキですね」

食 食事や食べ物に関する話題
「寿司なら、私は白身魚だな。君は何が好きだい?」
「この近くにいい感じの居酒屋を見つけたんだ」

住 住まいに関する話題
「お住まいはどちらですか?」
「ご近所に行ったことがありますよ。いい町ですね」

　これらのキーワードは、いわば話題の"定番"である。並べると「木戸に立てかけし衣食住」。話題に詰まってしまったときは、これを呪文のように頭の中で繰り返してみよう。そして、話題を見つけるヒントにしてほしい。

［ポイント3］日ごろから話題のネタを集める

　面白いネタを話題にすると、話が弾む。私は学生時代、関西地方で育った。上方のお笑い文化にどっぷりと漬って育ったので、日ごろから仲間同士で面白いネタを競い合う環境が当たり前だった。

　そうした環境下では、異性にもてるのも勉強やスポーツに秀でた人より面白い人。私も「面白い人になろう」と、いろいろと努力したものだ。例えば、お笑いのTV番組を観たり、寄席に行ったりして、面白いネタがあったら自分の

「ネタ帳」に書きとめた。書きとめたうえで、自分なりにどうアレンジできるかを考えるのだ。これは今でも続けている。

　こうしたネタは日常のそこかしこに転がっている。メディアで取り上げられたこと、家族や友人と話したこと、通勤途中で見掛けたこと、居酒屋で隣の客同士が話していたことなど、いろいろなところにネタが落ちている。これらを通り過ぎないで、頭にしっかり入れてストックしておくのだ。私のようにメモに書きとめた方が、話題として自分のものにするうえでより効果的である。

　このように仕入れたネタは、相手に単にそのまま伝えるのではなく、「面白い話題」にブラッシュアップする必要がある。そのために、まずは最低3人以上の相手に話してみよう。
　聞き手が受けてくれるか、どの箇所で受けるか、3人それぞれに受けるツボが異なる場合もあるだろう。相手の反応を観察しながら、話題の中で強調すべき箇所や割愛・省略してもいい箇所、話し方や言い回しの選び方などバリエーションを考えながら話す。

　3人くらいに話して聞かせると、そのネタを面白く分かりやすく伝えるにはどのように話すべきか、自然と見えてくるものだ。これがブラッシュアップするということなのである。
　また何度も話すことで、自分の頭の中に最適な話し方がインプットされる。時間がたった後も、会話の流れの中で使えるタイミングになると、自然と頭に思い浮かんでくるようになる。

［ポイント4］質問形式を使い分ける

　雑談は「独り言」ではないので、こちらが一方的に話し掛けるだけではだめだ。相手との会話のやり取りがある程度続いてこそ、雑談になる。相手が雑談力に乏しいと、会話はますます続かない。そんな相手とは、質問を効果的に投げ掛けることで会話を続けるというテクニックがある。

ポピュラーなテクニックの一つは、「クローズドクエスチョン」と「オープンクエスチョン」の使い分けだ。
　クローズドクエスチョンとは、相手が「はい」か「いいえ」で返答できる質問である。例えば次のよう例を挙げてみよう。

「昨晩は残業だったのかい？」
「あなたの血液型はA型でしょう？」

　クローズドクエスチョンは、余計な説明を加えずに「はい」か「いいえ」だけで答えられる点で、聞かれた相手にとっては楽。雑談力に乏しい口が重い相手には、まずはこうした形式の質問を投げ掛けて、コミュニケーションの相手を"温める"のである。
　しかしこの質問形式だけでは、会話は続かない。そこで、相手を温めたうえで、徐々にオープンクエスチョンを織り込んでいく。オープンクエスチョンとは、質問した相手に自由に答えてもらうことを前提に投げ掛ける質問形式である。具体例は次の通りだ。

[オープンクエスチョンの例1]
質問　「学生時代は部活は何をやっていたの？」
回答　「テニス部です」
　　　「華道部です」
　　　「帰宅部です」など

[オープンクエスチョンの例2]
質問　「週末行ったという映画はどうだった？」
回答　「面白かった」
　　　「よく分からなかった」
　　　「つまらなかった」
　　　「あのシーンに感動した」など

オープンクエスチョンは、さらに「限定質問」と「拡大質問」に分けることができる。限定質問とは「いつ（When）」、「どこで（Where）」、「誰（Who）」を問うもの。拡大質問とは「どんな・何（What）」、「なぜ（Why）」、「どうやって（How）」を問うものである。具体例を次に挙げてみよう。

［限定質問の例］聞くこと→When、Where、Who
「奥さんとは、いつ出会ったのですか？」
「このカメラはどこで買ったのですか？」
「先週末の旅行は誰と出かけたのですか？」

［拡大質問の例］聞くこと→What、Why、How
「来週の連休は何をする予定ですか？」
「この会社になぜ入ろうと思ったのですか？」
「この模型はどうやって作ったのですか？」

　限定質問は、具体的なファクト（事実）を答えればいいので、相手に考える労力を費やさせない（あえて隠したい答えであれば別だが）。これに対して拡大質問は、場合によっては考え方や思いを説明しながら答えることを相手に求めることになる。いわば、より突っ込んだ質問形式と言える。

　クローズドクエスチョンとオープンクエスチョンをどのように使い分けたらいいのか。最も"鉄板"と言えるパターンをお教えしよう。次の順番に沿って、会話に質問を織り込んでいくパターンだ。

■質問の使い分けの"鉄板"パターン

```
┌─────────────────────────────┐
│     クローズドクエスチョン      │
└─────────────────────────────┘
              ▼
┌─────────────────────────────┐
│  オープンクエスチョン（限定質問） │
└─────────────────────────────┘
              ▼
┌─────────────────────────────┐
│  オープンクエスチョン（拡大質問） │
└─────────────────────────────┘
```

［例1］

Aさん 「髪の毛、切ったの？」
　　　＝クローズドクエスチョン

　▼

Bさん 「はい、切ったよ」

　▼

Aさん 「どこで切ったの？」
　　　＝オープンクエスチョン（限定質問）

　▼

Bさん 「隣町の『バーバー金シャチ』さ」

　▼

Aさん 「その店、どうやって見つけたの？」
　　　＝オープンクエスチョン（拡大質問）

　▼

Bさん 「友達に紹介してもらったんだ」

［例2］

Aさん 「昨晩、テレビを観たかい？」
　　　＝クローズドクエスチョン
　　　⬇
Bさん 「はい、観たよ」
　　　⬇
Aさん 「何時頃に観たんだい？」
　　　＝オープンクエスチョン（限定質問）
　　　⬇
Bさん 「9時過ぎくらいからかな」

Aさん 「何か面白い番組、やってたかい？」
　　　＝オープンクエスチョン（拡大質問）
　　　⬇
Bさん 「『○○』だよ。あれは面白いね」

　この順番には、相手とのコミュニケーションの幅を自然に広げて行くうえで、重要な意味がある。
　コミュニケーションの相手が、普段はあまり話す機会のない人だとしよう。そうした人にいきなりオープンクエスチョンを投げ掛けたら、相手はどう思うだろうか。

　少々極端な例を挙げる。顔見知りだが話したことはない近隣の人が休日、散歩をしているところに行き当たったとする。あなたがいきなり「あなたはなぜ今ここを歩いているのですか」とオープンクエスチョン（拡大質問）の形式で

聞いたら、相手はどう思うか。「なぜ、この人に説明する必要があるのか」と思うのが普通だろう。これでは、コミュニケーションのきっかけにならない。

だが、次のように問い掛けたらどうか。「お散歩がお好きですか？」。これは、クローズドクエスチョンである。相手は「はい」か「いいえ」で答えられるので、会話の端緒は成り立つ。

[例3]

あなた「お散歩はお好きですか？」
＝クローズドクエスチョン

相手　「ええ」

あなた「よくお見かけしますが、いつもお元気そうですね。普段はどの辺まで足を伸ばされるのですか？」
＝オープンクエスチョン（限定質問）

相手　「いつも駅前まで行って、本屋をのぞいてくるんですよ」

あなた「何か、お散歩を始めるきっかけはありましたか？」
＝オープンクエスチョン（拡大質問）

相手　「会社の健康診断で成人病に気を付けろと言われてね」

このようにクローズドクエスチョンとオープンクエスチョン（限定質問、拡大質問）を使い分けることで、コミュニケーションの機会があまりなかった相

手とも、会話を広げていくことができる。逆に、質問の種類を間違うと、コミュニケーションの幅は広がらず、相手との心の距離がかえって遠くなってしまうこともある。

他方、親しい（親しくなった）相手との会話では、オープンクエスチョンの比率を上げていくことがコミュニケーションの幅をさらに広げることにつながる。こうした使い分けは、「雑談力」の極めて重要な勘所なのだ。

［ポイント5］「相手が話したいこと」を引き出す

　会話を長続きさせるうえでは、「相手が話したいこと」を上手に見つけて、その流れに話題を持っていくことも大切だ。例えば、あなたが相手から「ゴルフはやりますか？」と問われたとしよう。あなた自身がゴルフに興味がない場合、ここで「やりません」と答えれば、会話はそこで終わる。

　相手がゴルフの話題を持ち出してきたということは、「その話をしたい」という相手のサインと受け止めなければいけない。自分に興味がなかったとしても、例えば次のように答えてみたらどうだろうか。「なかなか機会がなくて、実はまだやったことがないんです。お好きですか？」。
　このように、最後に「お好きですか？」といった質問を付け加えることが重要だ。この質問こそ、相手の「話したいこと」を引き出す端緒になるのだ。「はい、好きです」と相手が答えたらしめたもの。この後は主にオープンクエスチョンを駆使して、さらにきめ細かく問いを投げ掛けていけばいい。例えば次のような質問だ。

「いつから始めたのですか？」
「よく行かれるコースはありますか？」
「どのくらいのスコアで回られるのですか？」
「初心者用のクラブセットでお薦めはありますか？」

少し考えればいくつもの問い掛けを思い付くはずである。雑談とは、こうして広げていくものなのだ。繰り返しになるが、こうした会話の広げ方でカギになるのは、オープンクエスチョン形式の質問である。他にも例を挙げてみよう。

> ×〈会話が広がらないパターン〉
> あなた　「そのマフラーはすてきですね」
> 相手　　「そうかい」
>
> ○〈会話が広がるパターン〉
> あなた　「そのマフラーはどこで買ったんですか？」
> 相手　　「娘が旅行で買ってきてくれたんだ」
> あなた　「どこに行かれたんですか？」
> 相手　　「英国だよ」
> あなた　「英国と言えば本場ですね。暖かそうな素材ですね」
> 相手　　「カシミヤなんだよ」
> あなた　「それは高級だ。高かったんじゃないですか？」
> 相手　　「いやいや、免税店で安く買えたらしいよ」

上の「×」の例のように、単にほめるだけでは次の会話につながりにくい。相手が話したいことを引き出すうえでは、質問の仕方で会話をつなげていくことが重要なのである。

[ポイント6]「へー」、「ほー」と思わせれば成功

雑談力の高い人と話すと、自分にはない視点や知識に刺激を受けたり、目から鱗が落ちるような思いを抱いたりして、「この人とはまた話してみたいな」と感じることが多い。会話の相手を引き付ける魅力とでも言おうか。これもコミュニケーション術では重要だ。

ポイント5で示した「相手の話したいことを引き出す」の裏返しになるが、人は生来「自分の話したいこと」を話したがるものである。逆に言えば、その話を相手が聞きたいか否かは、後回しになりがちだ。だが雑談力を高めるうえ

では、それではだめなのだ。

　自分が話したいことでも、「相手にとって何が面白いか」や「どこに興味を抱いてくれるか」という点を考えながら、話題や話し方を選ぶ必要がある。相手の興味の所在を無視して、自分の話したいことを話し続けるだけでは、単なる迷惑な人である。

　もっと簡単に言えば、相手に「へー」とか「ほー」などと思ってもらえれば、コミュニケーションは成功なのだ。こう言うと、やや難易度が高く感じるかもしれないが、決してそうではない。要するにあなたがよく知っていて、相手がよく知らない話を素材にすればいいのだ。

　ただし、この種の話題を使う際には、話し手側に注意が必要である。例えば現場説明会などでよくあるパターンだが、一般の人に工事の概要や工法を説明する際、専門的になりすぎると相手は飽きてしまう。技術者や技能者として優秀な人ほど、つい興が乗って話してしまうことでこうしたパターンに陥りやすい。相手が一般の人なら、そうした人たちが無理なく理解できて、しかも新鮮に感じる話題に絞る必要がある。プロにとっては当たり前だったりさして珍しくはなかったりする話題でも、一般の人は新鮮に感じるものはたくさんあるだろう。

　例を挙げてみよう。「このトンネルは延長○km、幅員は△mでNATM工法で掘削しました」と説明するより、「このトンネルの掘削で、どのくらいの土砂を掘り出したと思いますか。なんと東京ドームで100杯分です」と話す方が、一般向けには分かりやすくインパクトもある。後者は話し手（プロ）にとっては、割とどうでもいい話。だが相手（この例では一般の人）によっては、こうした話し方の方が適切な場合があるということを話し手は理解すべきである。

雑談力を高める六つのポイント

一、挨拶には必ず「+α」
一、話題の定番
　　「木戸に立てかけし衣食住」
一、日ごろから話題のネタを収集
一、質問形式を使い分ける
一、「相手が話したいこと」
　　を引き出す
一、「へー」、「ほー」と思わせる

CHAPTER5
五つの「まめ」で
スキルアップ

01 まずは「出まめ」になろう

02 電話を上手に使いこなす

03 メールは便利だからこそ注意が必要

04 「筆まめ」の効用とは

05 お世話を「する」は「される」に勝る

06 全ては「ギブ&ギブ」の姿勢で臨む

01 まずは「出まめ」になろう

　前章まで、コミュニケーション力を向上するための具体的なテクニックについて、いくつか紹介してきた。しかしここまで読み進んでもまだ、「私はどうも口下手で…」とか「人付き合いが苦手で…」と思っている人も、少なからずいるのではないだろうか。

　コミュニケーション力とは、才能ではない。確かに、コミュニケーション力をレベルアップするうえでは、その人の性格やセンスが関係する側面もある。だが、それらは決定的な障害とはならないと断言できる。「不器用ですから…」という言い訳は、スキルアップを自ら押しとどめることにしかならないのだ。

大事なのは5種類の「まめ」

(世話まめ／筆まめ／メールまめ／出まめ／電話まめ)

CHAPTER5

　コミュニケーション力の向上に明らかに貢献するのは、会話の上手下手ではなく、「まめ」であることだ。私は特に次の5種類の「まめさ」が重要と考えている。名付けて「出まめ」、「電話まめ」、「メールまめ」、「筆まめ」、「世話まめ」だ。最終章に当たって、これらについて解説する。まずは「出まめ」からだ。

フェース・ツー・フェースの機会を増やす

　誰かと直接会うことに積極的な姿勢を、私は「出まめ」と呼んでいる。人と人とのコミュニケーションで、フェース・ツー・フェースで行うそれは、最もインパクトがあると言っていい。
　言葉だけでなく、表情や声音、立ち居や振る舞いなどを含めて、互いにやり取りする情報はより濃密になる。コミュニケーションの場面として、互いに最も安心してやり取りできる機会でもある。直接会う回数が増えれば増えるほど、互いの理解も深まり、親しさも増すのは当然だ。

　現実問題としては、例えば相手が自分の行動圏内にいなかったり、近くにいても会うための時間を割く余裕が互いになかったりすることはよくある。あなたが現場のリーダーを務める人ともなれば、忙しさから、差し迫った要件がない相手に時間を割くことはなかなかできないかもしれない。
　だが自分が忙しいときほど、意識的に「直接会おう」とすべきなのだ。これが「出まめ」の第一歩である。忙しいときでも、自分にこうした気持ちが湧けば、方法はいくらでも思い付くはずだ。

　例えば、どこかに出かけた機会を利用して、足を伸ばせる範囲にいる相手に会いに行く。用事があっても、なくても構わない。用事があるなら、あらかじめアポイントメントを取って行けばいい。
　用事がなかったら、訪問直前に「近くに来たのでちょっとご挨拶だけ、寄らせていただけますか」と電話を掛ければいい。相手が不在だったり、仕事がたて込んでいたりするようなら、「特別の用事はないので、またの機会にします」

と言って去る。

　相手が在席していたら10分程度、雑談（こういう時こそ、あなたの雑談力が真価を発揮する）して辞去する。お互いに時間が許すなら少し長話をしたり、タイミングによっては食事を共にするのもいいだろう。情報交換から思わぬネタをつかめることも少なくないはずだ。

　情報交換で大事なのは、文字通り「交換」である点だ。あなたも相手が喜びそうな話を"お土産"に持っていくようにする。といっても、必ずしも相手に具体的な実利がある話でなくても構わない。あなたと話した相手が「会って得をしたな」、「話して楽しかったな」と思ってくれればいいだけなのだ。

「会いたい人リスト」を日ごろから用意

　あなたが建設会社の現場リーダーだとして、訪問相手はいくらでも思い付く。顧客（公共、民間）はもちろん、自社や協力会社の関係者、設計を手掛けた建設コンサルタント会社の担当者、工事に関連する近隣住民のまとめ役など、いろいろいるはずだ。

　私の場合は、日ごろから「地域別・会いたい人リスト」を整理して持ち歩いている。仕事柄、建設会社向けのコンサルティングや講演などで全国を飛び回っているので、行く先々でリストを頼りに、ちょっとした時間を割いて訪ねるようにしている。

　「ちょっとだけでも会う機会」を重ねるなかで、最も望ましいのは、食事を共にすることだ。だから私は、食事は決して自分一人で取らないように心掛けている。常に誰かを誘うようにしているのだ。

　昼食などは休み時間の制限もあるだろうから、ダラダラと長くなることはない。終業後だからといって必ずお酒を飲む必要もなく、「軽く夕飯だけ食べよう」でもいいのだ（特に最近の若手は"飲みニケーション"を敬遠する人も少な

くない)。そうした一つひとつの機会が、コミュニケーション力向上のチャンスなのである。

　せっかく会う機会ができたら、短い時間だったとしても、相手の印象に残るようにしたい。それが次につながる。印象に残してもらうためにまず大事なのは、先述した「聴く姿勢」をしっかりと相手にアピールすること。具体的には「相手の目を見て受け答えする」、「うなずきなどボディーランゲージも取り入れる」、「メモを取る」の三つが特に重要だ。

　相手の目を見て受け答えするのは、基本中の基本。「真剣に拝聴していますよ」という最も分かりやすいサインである。さらに、相手の話に応じて適切なタイミングでうなずくなど、身体全体で「聴いている」ということを示すようにする。その場の状況が許すならメモを取るのも真剣さをアピールする動作になる。

「出まめ」になろう

近くに来たのでご挨拶にお邪魔しても…

　知り合いのキャビンアテンダント（スチュワーデス）の話によると、ファーストクラスを利用するビジネスパーソン（とおぼしき人）には、「メモ魔」が

多いという。飛行機での移動時間中、連れと話している際に手帳に書き付けたり、ふと思い付いたようにメモを取ったりする動作をしばしば目にするそうだ。企業や社会で成功する人に共通する行動パターンなのかもしれない。

またベテランの新聞記者などは、相手の目を見て適宜相づちを打ちながら、視線をそらさずに手元のメモを取る。逆に、話が途切れた際に、メモを取る動作によって会話の中で上手に一拍置くテクニックを見せたりする人もいる。これもコミュニケーション術の一つだろう。

02 電話を上手に使いこなす

　コミュニケーション力向上につながる「まめさ」の二つ目は、「電話まめ」だ。この話題で思い浮かぶのは、亡くなった小渕恵三元総理。世が昭和から平成に変わった際、官房長官（当時）として新元号を披露した人と言えば、記憶している読者も多いだろう。

　彼はさして親しくない相手でも、多少のご縁ができると極めて気軽に電話を掛けた。それは首相になってからも変わらず、著名人から一般市民まで、時には自分を批判する記事を書いた新聞記者にも直接、「私への激励だと思っているよ」と電話を掛けたそうだ。そうした彼の行動をマスコミは「ブッチホン」と名付け、その言葉は年間の新語・流行語大賞にも選ばれた。「電話まめ」たる者、こうでなければならない。

常に相手の状況を推察しながら

　電話は手軽なコミュニケーション手段だからこそ、直接会いに行く「出まめ」以上に相手に対する配慮が欠かせない。互いに肉声でやり取りできる一方、相手の状況が見えないからだ。相手の状況を推察しながらコミュニケーションを図ることがとても重要だ。

　初めから無駄な雑談は絶対に避けよう。最初の一言はいつも、「今、少しだけお話してもよろしいですか」と、相手の都合を確認するところから始める。そして前置きは短く、「〇〇の件でご連絡しました」とまずは用件を伝える。

　特段の用件がないからといって、電話していけないわけではない。むしろ、相手との間にそうした電話ができる関係を築き上げることを自らのコミュニケーション力を試すうえで課題にするのだ。

　こうした場合は、電話を掛けるタイミングをよく考えた方がいい。例えば、

昼休みの終了近く（始まったばかりや中盤の時間帯は、相手の食事を邪魔してしまう）や終業時刻直後など、相手が日常業務から少し離れてほっとしている頃合いを見計らうといい。

　「お元気ですか。どうしていらっしゃるかなと思って、つい電話してしまいました」。こうしたせりふは、暗い声で口にすると相手が不審に思いかねないので、あくまで陽気に元気よく言うのが大事。「優秀工事表彰でお名前を拝見しましたよ」、「新築の社屋に移られたそうですね」、「ご昇進、おめでとうございます」など、特段の用件ではないが、何かをきっかけにして連絡するのもいいだろう。相手は「この人は覚えていてくれるんだな」と思ってくれる。

　余談だが、私は仕事柄タクシーで移動することが多く、車中はいつも「電話タイム」に活用している。ほかにも電車の乗り換え待ちや、食後のちょっとした空き時間など、その気になればいろいろなタイミングが使えるはずだ。

　もっとオーソドックスな手法は「出まめ」とセットで行うことだ。アポイントメントを取る口実を使えば、電話しやすい。「今、ちょうどそちらの近くに向かっているんですよ」とか、多少親しい相手なら、「近いうちに、ご飯でもご一緒しませんか」という理由も使えるだろう。こうした電話を苦もなくできるようになれば、あなたも「電話まめ」の達人だ。

電話コミュニケーションの勘所

　電話は肉声だけのコミュニケーション手段なので、相手にもあなたの状況が声でしか伝わらない。「おはようございます」という一言を元気に明るく口にするのと、沈んだ暗い感じで口にするのとでは、相手が受ける印象も変わってくる。電話ではその差がさらに増幅される。電話だからこそ、声音やトーン、間の取り方、話すスピードなどを対面時以上に気を使う必要がある。

CHAPTER5

　携帯電話を使うケースが多いと思うが、便利な機能に頼りすぎるとコミュニケーションの質はおろそかになりやすい。相手から連絡を受けるケースではそれが顕著に出てしまう。

　例えば、携帯電話の電話帳に登録している相手なら、掛かってきた際にディスプレーに名前が表示される。つい「どうも、どうも」などと会話を始めてしまいがちだが、これではいけない。「○○さん、お電話ありがとうございます」と、必ず相手の名前を呼ぶようにする。名前を呼ぶことが、相手を大切に思っているというアピールにつながるからだ。

　留守番電話機能ももっと丁寧に活用したい。例えば、留守番メッセージ。多くの人は機械任せで、あらかじめ備わっているメッセージのままにしているのではないだろうか。

電話を上手に使いこなす

降籏です。
今週は桜が満開です。
後ほどこちらから掛け直しますのでメッセージをお願いします。

降籏達生
080-△△△-0000

　私の場合は毎週、自分の声のメッセージを設定し直すようにしている。「今週は桜が満開です。後ほどこちらから掛け直しますのでメッセージをお願いし

ます」、「熱帯夜が続きますが、お体は大丈夫ですか。(以下、同じ)」といったように、季節などを考えたその時その時の一言を冒頭に入れた留守番メッセージを入れているのだ。

「降籏さんは相変わらず元気だな」と相手に思ってもらえれば大成功。要は、相手に良い意味で強い印象を残せればいいのだ。ただし留守番メッセージがあまり長いと、用件を早く吹き込みたい相手がイライラすることも考えられる。ごく手短かに、そして印象に残る一言を考えるのは結構楽しい。

03 メールは便利だからこそ注意が必要

　メールは、ある意味で電話以上に便利なコミュニケーションツールだ。送り手は、相手の都合にかかわらず送信できるし、同時にたくさんの人に送ることもできる。受け手も、忙しければ後で見ればいいし、口頭のやり取りのように聞き間違えも生じない。

　メールの手軽さは、直接会ったり電話したりするよりも「まめさ」を実行しやすい。だがお手軽だからこそ、きめ細かな注意が必要だ。文章での表現の仕方を含めて、ちょっとした配慮不足が誤解を生んでしまうこともあるからだ。メールを使いこなすうえで要チェックのポイントをいくつか整理してみよう。

意外と忘れがちな書き方の基本

　メールは文章を使って相手とコミュニケーションをはかる手段だが、後述する手紙とも違うし、電話でのやり取りとも違う。両者の中間に位置するコミュニケーション手段とでも言おうか。しかし私が仕事柄受信するメールの中には、この両者の表現手法と混同した危うい使い方を散見する。

　出典は失念したが、メールに関するある調査結果を目にしたことがある。受信したメールを不快に感じた原因の1位は「文章が失礼」、2位は「文章が曖昧」だったと記憶している。経験的に言えば私も同感で、だからこそこの調査結果を覚えているのだ。

　私は、メールにも作法があると考えている。最も基本的なポイントは、伝えたい内容を分かりやすく簡潔に文章化することだろう。そのために、私の場合は「内容は3段落構成に」という原則を遵守している。具体的に書く内容とは、次ページの例の通りだ。

[3段落構成の例]

［第1段落］宛先、冒頭の挨拶、名乗り

株式会社□□建設　工事部長　□□様

すっかり春らしくなりました。
いつもお世話になりありがとうございます。
○○鉄工の○○です。

［第2段落］肝心な用件

次回お伺いする日程の確認で連絡いたしました。

・日時／△年△月△日、△時
・場所／貴社会議室
・用件／○○工事の見積もりについて

［第3段落］相手への気遣いと締めくくりの挨拶、差出人署名

お時間をご調整いただき、あらためて感謝いたします。
お忙しいことでしょうが、くれぐれもお体にご留意ください。

==================================
○○鉄工　営業部　○○
TEL:000-0000-0000　FAX: 000-0000-0000
携帯: 000-0000-0000
E-MAIL：000000@000.co.jp
住所:東京都××区××…
==================================

メールで伝えたい肝心な内容（第2段落）自体はもちろん大切なのであるが、「文章が失礼」なメールにならないようにするという点では、第1段落と第3段落がとりわけ重要なのだ。メールは手軽なツールだが、お互いの表情や声の調子は伝わらない。だからこそ、礼儀と相手への気遣いを伝えるために第1段落と第3段落が必要なのである。

「文章が曖昧」にしない工夫としては、いくつかの手法がある。前ページの文例（第2段落）では、「・」（中黒）を振って内容を箇条書きにしている。
　具体的な内容でも、ただ羅列するだけでは相手は読みにくいし、読み飛ばしたり誤解したりする恐れも生じる。多少混み入った用件などを伝える際などは特にこの点に留意する必要がある。以下に悪い例と良い例を挙げてみよう。

×良くないメール文
スタッフの意見を集約するために、アンケートを取って、会議を開催し、報告書を作成して、〇月〇日までに結論を出してください。

〇望ましいメール文
以下の案件について実施をお願いします。

［案件の目的］
スタッフの意見を集約して結論を出す

［実施内容］
1、スタッフにアンケートを取る
2、関係者を集めて会議を開催する
3、意見を集約して報告書を作成する

［期日］
〇月〇日までに「3」の報告書を提出してください

以上

「文章が曖昧」にしない工夫をもう一つ挙げておこう。それは、「1案件1メール」を原則として守ることである。
　「○○の件」という件名で内容に複数の別件を盛り込んでくる人がいるが、案件の混同を招きやすいうえに相手の注意を肝心な案件からそらしてしまうリスクもある。それぞれの案件について、相手が後で関連した受信メールを探そうとしても、件名で探しにくい。これは相手に不親切で、返信が遅れる原因にもなる。多少面倒でも、案件ごとに分けて送るようにしたい。

　件名の付け方も大切だ。件名に「田中です」とか、「ありがとうございます」とだけ付けて送ってくる人がいるが、これはまずい。インターネット利用におけるウイルス対策や迷惑メール対策は、組織レベルでも個人レベルでもシビアさが増している。
　電話を掛ける際に自ら名乗ることから会話を始めるのは自然だが、メールはそれと異なる。よく聞く名前を冠したり差し障りのない挨拶の文句だけを記したりした件名は、それだけで「危険なメールかもしれない」と思われる恐れがある。開封しないですぐ削除される人も珍しくない。セキュリティーソフトの設定によっては、文章中の記号などが引っ掛かって自動的に削除フォルダに入れられてしまうこともあるようなので、気を付けよう。

　誤解のないように言っておくが、件名に自分の名前や挨拶の文句を入れてはいけないということではない。件名には、相手と共有している情報の一端も盛り込むべきなのだ。例えば「○月△日の□会議の件」、「○○のご報告」、「○○社の△△です」など、送り手が誰であるか、送信者アドレスとは別に件名でも受け手がある程度判断できるようにした方がいい。

　返信時もひと工夫が大切。例えば、相手が一斉送信で何人かに送ったメールに返信すると仮定しよう。返信ボタンを押すだけで、何も付け加えなければ、メールの件名は「Re:」の後に受信メールのタイトルがそのまま表示される。最初の送信者は、誰から返信が来たのか、件名だけでは分からない。

私の場合はこうした際、「Re:」の前に「→」を入れて一言付けるようにしている。次の下線部のような具合だ。

〈返信メールに付ける件名例〉

「降籏です、こちらこそ！ → Re:ご無沙汰しています、○○です」
「降籏です、ナイスです → Re:企画案について、△△社の○○です」

　時々、「Re:」から始まる返信件名の後に逆の矢印「←」を付けて一言を加える人がいるが、あれはいただけない。どうしても件名が長くなるので、相手のメールソフトの画面状況によっては、肝心の「←」以下がすぐに見えないことがあるからだ。

　メール本文の書き方で基本中の基本として大切なのは、適切な長さで改行することだ。改行しないで書いた文章は、メールソフトの受信メール画面のサイズに即した長さで表示される。パソコンのディスプレー全体に受信メール画面を広げてみると分かるはずだ。極めて読みにくい。
　また1文が中途半端に長いと、相手の受信メール画面のサイズによっては、改行前の箇所で文章が折れてガタガタになる。これも相手には読みにくい。相手のメールソフトの設定などにもよっても異なるので良しあしは一概に言えないが、私の場合は1行当たり20〜25字の範囲で改行するようにしている。

　さらに、多少長いメールなら文章内容の流れに応じてブランク（空白の行）を設けること。流れにもよるが、1文節は2〜5行にまとめて、できれば文節ごとに、複数の文節を連続しなければいけないならばその塊（10行未満を目安）ごとに、ブランクを入れよう。

やり取りでは「お作法」がある

　相手の都合を問わず送信できるという点でメールは便利だが、それだけに"お

作法″にも気を使うべきだ。メールをもらったら、前述した「ワンデーレスポンス」を基本に返信するようにする。

　相手の要望や質問に応じることができなくても、「検討しますので、少しお時間をください」などとすぐに返信する。可能なら「一両日中にお返事します」とか、「○日までにお返事します」といったように、回答予定時期を明示した方がいい。

　「返信が一向に来ない」という状態は、相手に強いストレスを与える。何かの話で聞いたアンケート調査結果によると、期待しているメールの返信が来ないことに人が我慢できる時間は3日間だそうだ。根拠はよく分からないが、私の感覚もだいたい同じくらいなので、腑に落ちる調査結果だ。

　逆に、レスポンスが早ければ早いほど相手に好印象を与えることができるという点も、メールの特質だ。私が経験的に実感しているのは「30分の法則」だ。メールの受信から30分以内に返事をすると、相手に与える印象がより強くなるという法則である。

　メールにいつ返信するかは相手都合だからこそ、すぐに返信がもらえるとうれしいものだ。特に送信者が急いでいるときほど、「対応が早い人だな」と感じてもらえる。

　「30分以内」の返事は、必ずしもメールに限らない。電話でもいいのだ。相手がメールを送ったということは、少なくとも30分程度は席にいるなど電話がつながりやすい状況にあることが多い。相手のメールの内容にすぐに回答できなくても、「着信しました」だけでもいいから電話する（前述した「電話まめ」に通じる）。「30分以内に返信メール」よりも、さらに強烈な印象を相手に与えることができるはずだ。

　話が少し変わるが、自分がメールを送信した場合も、仕事関連など重要な内容なものは特に、送信後に必ず電話を掛けて着信確認を行うことを習慣付ける

ことが大切だ。

「先ほど、メールをお送り致しましたが、着信しておりますでしょうか」。相手が離席していたなら、電話に出た人に「〇〇様にその旨をお伝えください」と付け加えれば、こちらのアクションを伝えることができる。

メールの送り先で「CC（カーボンコピー）」、「BCC（ブラインドカーボンコピー）」を適切に使い分けることも大切である。両者とも、メールの内容や送信した事実を共有してほしい関係者が対象という点は同じだ。

しかし前者は、本来の送信相手がある程度認知している範囲に限るべきだろう。本来の送信相手が知らない、あるいは関係性を認知していない人に同報する際には、「BCC」を使うのがマナーだと思う。受信メールの「CC」欄を見た際、見覚えのないアドレスが入っているのは、受け手にとってあまり気持ちのいいものではない。会社など組織内だけのやり取りならまだ分かるが、そうでないなら避けるべきだろう。

自分の送信から始まったメールのやり取りは、自分の返信で終わるのがマナーだ。テニスになぞらえると、サーブ（自分）→レシーブ＆リターン（相手）→スマッシュ（自分）の流れだ。相手にも安心感を与える基本的な締め方だ。

メールに写真や資料を添付して送る際には、データの大きさに注意。インターネット環境は相手によってまちまちなので、一概には言えないが、1MBを越える添付データを送る際には、念のため事前に相手に「お送りしても大丈夫ですか」と確認した方がいいだろう。

事前の確認なく、良かれと思って大きな添付ファイルを送り付けて相手に迷惑を掛けてしまっては、元も子もない。

「出まめ」や「電話まめ」でも触れたように、特段の用事がないご機嫌伺いにもメールは使える。相手の都合を邪魔しない連絡手段なので、直接会いに行ったり、電話を掛けたりするよりも相手に負担を掛けないで済むからだ。大い

に活用しよう。

　きっかけは何でもいい。「今日の新聞記事で〇〇さんの現場が取り上げられていましたね」、「この前、お邪魔した際に伺った新工法に関連して、こんな情報を耳にしました」など、いろいろ考えてみるといい。

メールを上手に使いこなす

〇〇です。
△△工事では
お世話になりました…

　ある建設会社の若い現場代理人は、JV工事の現場で一緒に働いた他社の技術者・技能者らと、工事完了後も「メル友」の関係を築いている。「今はどこの現場ですか？」、「こちらは雨がひどいけど、そちらはどう？」などとお互いの消息を確かめ合うやり取りはもちろん、現在の現場で直面している技術面や工程管理面などの課題にアドバイスし合うことも多いそうだ。組織を越えた個人同士のネットワークだ。現場を重ねるごとにそうしたつながりが増え続け、それ自体が仕事のうえで大切な財産になっているという。

　私が講師を務めるセミナーなどの参加者には、こうした取り組みを行ってい

る人が少なくない。メールマガジンまで個人で発行して、知人に配信している人もいる。とてもいいことだと思う。まさにメールを使ったコミュニケーション術の手練れと言える。

04 「筆まめ」の効用とは

　携帯電話やメールといったお手軽なコミュニケーションが全盛の世の中だからこそ、お薦めしたい手段がある。はがきや手紙だ。あなたは年間に、あなた宛てのはがきや手紙を何通もらうだろうか。ダイレクトメールの類いはもちろん、年賀状や暑中見舞い、慶弔のお知らせといったものを除くと、ほとんどもらわないという人も今は少なくないだろう。

　はがきや便箋、封筒、切手を用意して、自分の手で字を書き、ポストに投函する——。はがきや手紙を出すには、メールとは比較にならないほど手間が掛かる。それだけに、そして今の時代だからこそ、手書きの郵便物は相手にインパクトを与える。これをコミュニケーションで活用しない手はない。「筆まめ」の効用である。

虚礼にしないのはあなた次第

　どのようなタイミングではがきや手紙を送ればいいか。メールや電話など内容が即時的に伝わるツールに比べて、郵便物は相手に届くまで多少のタイムラグが生じる。郵便（宅配便でもいいが）でしか送れない資料などは別にして、速達性を求められる情報を伝えるにはあまり向いていない。

　郵便を使ったコミュニケーションの効用が発揮される代表例は、礼状や詫び状だろう。礼状は、例えば工事が無事に完了した後に、顧客や協力会社といった関係者に送ればいい。詫び状は、クレーム処理や再発防止策の構築などをひと通りこなしたうえで（処理の最中は相手とのコミュニケーションで速達性が要求されるので不向き）、改めて「申し訳なかった」という気持ちを伝える有効なツールとなる。

　年賀状や暑中見舞いといった「季節の定番」も、コミュニケーションのツールとして意識することが大切だ。これらは、出す人自身が内心で虚礼と捉えて

いると文字通り虚礼に終わる。コミュニケーションの大切な機会と意識して取り組むと書き方一つも変わり、相手に与える印象が違ってくるものだ。

逆にはがきや手紙を受け取ったら、相手が誰であってもその労を思いやり、必ず返事を出そう。これはなかなか「ワンデーレスポンス」とはいかないことが多いだろうが、出来るだけ早く、多少遅くなっても必ず出すようにする。これは当然のことだ。しかしこの当然のことができない人が多いからこそ、あなたの返信が相手の心に突き刺さるのである。

「まずは形から」でもいい

パソコンやメールに慣れている人ほど、文章を手書きすることに心理的ハードルを感じることも多いだろう。「そんな面倒臭いことはしたくない」という声が聞こえてくるようだ。面倒臭いことだからこそ、送り先の相手にインパクトを与えるのに…。

心のハードルを乗り越える手法の一つが、「形から入る」というやり方だ。例えば、気に入った便箋や封筒をそろえておく。私の場合は京都にある老舗文房具店のオリジナルを使っている。コンビニエンスストアなどで売っているようなものに比べると値が張るが、それだけに書きやすく、デザインも上品で、値段の高さを含めて「買ったからには書かねば」という気にさせてくれるのだ。

専用の万年筆、署名に添える小ぶりの落款、ちょっと気取って封書用にシーリングワックス（封蠟）とオリジナルの封印…。一筆箋なども手元にあると、例えば資料を送る際に一言メッセージを添えたりできる。あなたが文房具好きなら、こうした道具を用意するのも、やる気を引き出してくれるはずだ。「筆まめ」を実行するうえで、背中を押してくれるようなものを楽しみながらそろえてみてはいかがだろうか。

余談を一つ。私が今まで受け取った中で強烈に印象に残っている例の一つが、

ある著名経営コンサルタントからの手紙だ。
　ある機会にお目に掛かって親しくお話させていただいた数日後、その手紙が届いた。しっかりした厚みの封筒で、受け取った時は「なんだろう」と思ったものだ。開けてみると、なんと巻紙の手紙。手触りのいい和紙に、お話させていただいた際のお礼が墨書でつづられており、強烈に感動したことを覚えている。
　それ以来は私も倣って、ここぞという場面での礼状は必ず、巻紙で出すようになった（ふでペンで書いている）。出した相手に後日会うと、必ずと言っていいが、「驚きました。ご丁寧なお手紙を頂戴致しまして…」などと声を掛けてもらえる。

　毛筆や万年筆で書くのは、ボールペンなどですらすら書くのと違って、一字一字を丁寧に書かざるを得ない。書いたら消せないので（修正液などを使うのは相手に失礼）、間違えないように気合いを込めて書くようになる。そこがいいのだ。
　どんなに字が下手でも手書きのほうが望ましいと思うが、「どうしても面倒で嫌だ」と感じるなら、仕方がない。パソコンで書いてプリントし直筆署名を添えるパターンでも、まあいいだろう。最低限、「モノ」として相手に届けるコミュニケーション手段とするのだ。

　「パソコンに慣れ過ぎると記憶しているはずの漢字が思い浮かばなくなる」という俗説があるが、あながち間違いではないように思う。またあくまでも経験論だが手で書くと、消して書き直すのが面倒だし汚くなってしまうので、パソコンで書くよりも考えに考えて文章をひねり出している感じがする。
　効率性やスピードを求めるならば、確かにパソコンを使った方がいいのだろうが、手書きは手間が掛かる分、文章力を磨くトレーニングとしてより有効ではないかと思うのだ。
　読者の多くはパソコン世代だろうから、「ちょっとした文章はあえて手で書いてみる」という機会を増やしてみてはどうだろう。はがきや手紙を書く習慣を身に付けることは、そうした効用も見込めるのだ。

具体性を必ず盛り込む

　前述した「電話まめ」のパートで、私は移動のタクシー車中を「電話タイム」にしていると書いた。それと同様に、新幹線などの長距離列車や飛行機での移動中ははがきや手紙を書くことが多い。そのためにいつも鞄に官製はがきや便箋セットを忍ばせている。あなたが建設現場にいて、近くに名所・旧跡などがあるのなら、観光土産の絵はがきなどを使ってみるのも情緒があるだろう。

　私の場合は用意したはがきや封筒の差出人欄にあらかじめ、事務所の住所と電話番号、メールアドレスを印刷してある。毎回書くのは面倒だし、小さな欄にこまごま書くと相手が読み取りにくいからだ。電話番号やメールアドレスまで書いているのは、相手が郵便ではなく電話やメールでも返信できるようにする心遣いだ。

　年賀状や暑中見舞いといった定番はともかく、礼状や詫び状、時候の挨拶などはどのように書けばいいのか。書店に行けば、ビジネスレターの書き方に関する本がたくさん出ているので、それらの文例を参考にしてみるのもいいだろう。

　どんな場合でも共通するポイントをいくつか挙げておく。まずは基本として、文中では一般的でない難しい言葉や漢字、紋切り型の定型表現はできるだけ避けた方がいい。それこそ相手は、「虚礼」と感じてしまう。

　相手との関係性に応じて、話題や言い回しを考慮することも重要。知り合ったばかりか、ある程度交流があるか、交流があってもしばらくご無沙汰していた相手か。これらの違いで適切な言い回しも変わってくる。

　礼状の場合は、どんなことでもいいので具体的な話題を必ず盛り込むことも大切だ。

　以前会った際にいた現場の話や、一緒に行った飲食店、その時の相手の服装、先方の出張後にもらったお土産、前回の別れ際に相手が言った一言…。要するに、何でもいいのだ。これは時候の挨拶でも同様である。

例えば、「いろいろありがとうございました」では抽象的過ぎる。「○○（具体的なエピソード）ほか、お心遣いいただいてありがとうございました」とか、「このたびはありがとうございました。とりわけ○○（同）は印象深く、あらためて感謝申し上げます」といったような言い回しで、必ず具体例を盛り込むようにしよう。

　ちなみに私は、お目にかかった際に出た話題や相手の服装など、印象に残ったことを必ずメモするようにしている。初対面の人なら、名刺の裏にメモする。後ではがきや手紙を送る際に、こうしたちょっとした情報が生きてくる。相手に、「自分と会ったことを細かく覚えていてくれるのだ」という印象を持ってもらいたいからだ。
　また会いたい相手なら、食事に誘う言葉を添えるのもいい。こうした提案は、私はしばしば「追伸」として盛り込んでいる。

　詫び状の場合は、一種の定型がある。まず謝罪の内容（こちらのミスや相手からのクレームなど）を正確に列挙する。何に対して謝罪するのかを明示して、こちらが非を正しく受け止めていることを相手に示すためだ。原因が分かっているのなら、その究明過程も含めて記述する。その場合は、再発防止策も記載する。最後に、二度と同じ過ちを犯さないようにするという決意をはっきりと記す。
　さらに、謝罪の意とともに、どこかに何らかの形で感謝の気持ちを盛り込むようにする。ミスを指摘してくれたこと、原因究明の調査に当たって協力してくれたことなどがあれば、感謝の意を表す材料になるだろう。

　こちらからのクレームを伝える場合は、事実だけを述べるようにする。根拠不明の「印象」や「思い」は盛り込まないで、相手に進言する形でまとめるといい。改善策や解決策に関する具体的な要求があるならば、提案として示す。改善・解決に向けて、いわばある種の主導権を握る効果も見込める。
　あなた自身の目的が、相手に非を認めて謝罪してもらうことなのか、改善・

解決策を着実に実行してもらうことなのかによっても、クレームの伝え方は異なってくるだろう。

　先方の提案や依頼などに対する断り状でも、==まずは冒頭に先方への感謝の意を示す==。礼節を尽くして対応していることを伝えるためだ。==内容は簡潔に、結論（断り）とその理由を書く==。このうち断りの理由は、あくまでも相手が納得する内容であればよく、必ずしも本当の理由を事細かに伝えることがベストではない（相手にとっても）。相手が「まだ脈がある」と誤解しないように、断る際ははっきり意思を表明するようにする。

　ここまで、目的に応じた文章の書き方の勘所を解説してきた。次のページ以降に、私が書いた具体的な文例を挙げるので参考にしていただければ幸いである。
　こうした文章力は、場数が大事だ。現場の仲間同士で自主研修を実施してみるのも一つの手。「礼状」や「詫び状」などとお題を決めて、それぞれ自由に書いて互いに批評し合うのだ。ぜひ、やってみていただきたい。

はがきや手紙をまめに書く

[礼状の例]

拝啓

　初夏の風薫る今日この頃です。

　この度は、工場改修工事施工に際してお力添えいただき、誠にありがとうございました。おかげさまで、大きなトラブルもなく、無事竣工させることができました。

　とりわけ、工場の稼働をしながらの工事にもかかわらず、迅速に機械をご移動いただき工事をスムーズに進行させることができました。実際に工事に加わった当方の職人からも「工場の方々の『ご苦労様』の声がうれしかった」という声が聞かれました。

　今後きれいになった工場にて、良い製品を作られますことを確信いたします。

　今後ともどうぞよろしくお願いします。
　まずは取り急ぎ書面にて、御礼申し上げます。

　　　　　　　　　　　　　　　　　　　　　　　　　　敬具

追伸：
　来週以降で、もしよろしければ、海の幸を使ったお食事など、一席ご用意させていただきたく存じますが、いかがでしょうか。今後の改修工事予定についても相談させていただければと考えています。

［詫び状の例］

謹啓

　○○様におかれましてはご清祥のことと存じ上げます。
　このたびは弊社にてご自宅の工事をさせていただき、誠にありがとうございます。

　お手紙を拝読させていただきました。コンセント位置が△月△日に弊社営業担当者●●にお伝えいただいた内容と、異なる位置に設置されていたとのこと、山田様にご不快な思いをさせてしまい誠に申し訳ございません。

　○○様のご意見に対し、営業および設計・施工の担当者全員で話し合いました。工事が最盛期で混乱していたとは言え、許されない不手際だったと全員深く反省しています。
　今後、営業担当と工事担当の情報を共有するため共通ノートを使用すること、毎週1回の工事打ち合わせを実施することを決めました。

　また改めまして、二度と同じミスをしないことをお約束申し上げます。○○様に満足を超える感動をしていただけるように、一同一所懸命にがんばる所存です。今後ともご指導、ご鞭撻を頂戴できましたら幸いに存じ上げます。

　この度は誠にありがとうございました。

謹白

[クレーム状の例]

前略

　○月○日付け書面にて御社に注文しました建材一式（注文書No.XXXX）が、納期から10日以上経過した本日午後に至っても、いまだ納品が確認できません。

　今年になってから納期遅延は5回目になり、この問題を看過しては、御社への今後の発注を見直さなければならないと考えています。それは、長年お付き合いさせていただいてきた弊社にとっても本意ではありません。そこで無礼を省みず、あえて申し上げにくいことをお伝えする次第です。

　つきましては、当方が御社に参上し、御社の力をお借りして問題解決したいと考えております。お会いできる日時やどなたをお尋ねすれば良いかなど、お電話あるいはメールにてご指示願います。

草々

CHAPTER5

[断り状の例]

拝啓

　いつもお世話になっております。
　この度は、貴社工事の件でお見積もりの依頼をいただき、心より御礼申し上げます。

　貴社にとって大切なお仕事にお声掛けいただきましたこと、大変うれしく思っております。しかしながら、誠に申し上げにくいのですが、今回の工事は辞退させていただきます。現在、弊社では他の工事案件が集中しており、貴社の工事を担当させていただいた場合、工期遅延などのご迷惑をお掛けするおそれがあることが理由です。

　ご期待に添えなくて、本当に心苦しく思いますが、なにとぞご理解をいただきますようお願い申し上げます。

　季節の変わり目ですので、○○様におかれましては、くれぐれもお体をご自愛くださいませ。

　　　　　　　　　　　　　　　　　　　　　　　　　　　敬具

05 お世話を「する」は「される」に勝る

「出まめ」、「電話まめ」、「メールまめ」、「筆まめ」と続いて、最後は「世話まめ」だ。これは、いわば前者四つの「まめさ」に加味することで、コミュニケーション力を格段に高める"大事なひと塩"として機能する。

「世話まめ」とは、相手に積極的に何かしてあげる姿勢である。例えば、何かを聞かれたり、相談を受けたりしたら、面倒臭がってはいけない。迅速に、そしてできる限り、知恵を貸したり何かを手配したり、別の誰かを紹介したりする。相手の要望に添えなかったとしても、手間を掛けた分だけ、相手は感じ入るはずだ。

相手から相談などを持ち掛けられたら、できる限りその場で対応する（お世話する）ようにしよう。

例えば、別の知り合いへの取り次ぎを依頼されたら、その場で電話して「私の大切な友人の〇〇さんをご紹介します。ぜひ一度、お話を聞いてあげていただけませんか」などと言えばいい。相談した相手は「早速対応してくれた」と感動するし、あなた自身もその依頼を忘れてしまうこともない。「後でご連絡しますよ」よりも、相手はあなたに強い印象を持ってくれるはずだ。

単に相手からの相談や問い合わせを待つだけでなく、「あの人をこの人に紹介したら、双方に喜ばれるだろう」などと、先を読みながら自ら積極的に動くのも「世話まめ」である。

人同士だけでなく、情報も素材になる。新聞や雑誌などで相手の興味を引きそうな話題に接したら、「この記事、読みましたか。ご興味があるかと思いまして」などと一言添えて送るのもいい。

仕事上の相手の場合、金品のやり取りはあらぬ誤解を招くこともあるし、守

秘義務と関係する情報を漏らすのは当然御法度。しかし、そうした問題がない情報なら、どんどん活用すべきだ。これを繰り返していくことで、あなた自身の人脈はさらに広がっていく。

自分の人脈と知識・情報をフル活用

「世話まめ」を実行するうえでカギになるのは、持っている人脈の広さと知識・情報の多様さである。それらが乏しければ、相手から相談されても、良いネタやアイデアを示せない。

「出まめ」から「筆まめ」まで、先に紹介した四つの「まめさ」はあなた自身が発信者となる行動だが、人脈や知識・情報を培うことにつながる。その点では、これら四つは、「世話まめ」を実行する前提となるとも言えるだろう。

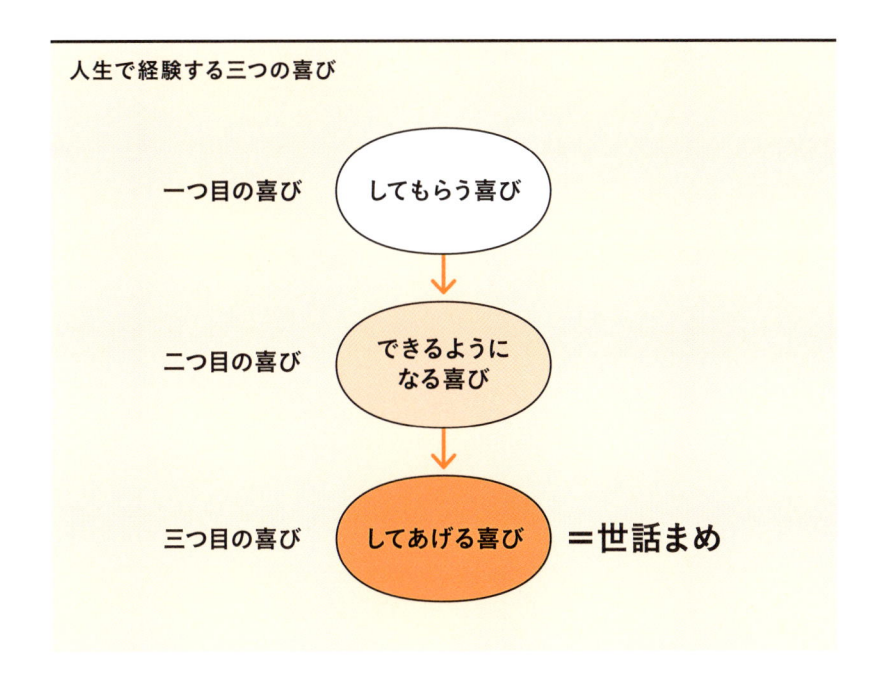

人生で経験する三つの喜び

- 一つ目の喜び：してもらう喜び
- 二つ目の喜び：できるようになる喜び
- 三つ目の喜び：してあげる喜び ＝世話まめ

人生には、三つの喜びがあるという。一つ目は「してもらう喜び」。赤ちゃんが親など育ててくれる人に感じる喜びだ。二つ目は「できるようになる喜び」。自分でできなかったことが少しずつできるようになることで感じる喜びだ。三つ目は「してあげる喜び」。電車でお年寄りに席を譲って感謝されたり、誰かを手伝って「助かったよ」と言われたりしたら、自分でも喜びを感じるはずだ。

　「世話まめ」で目的とすべきは、この三つ目の喜びを感じることだ。見返りやメリットを期待するようなら、相手もギブ＆テイクの範囲でしか認めてくれない。無償の喜びであっても、積もり積もっていけば、相手との堅い信頼関係が培える。それが「世話まめ」の究極の目的なのである。

06 全ては「ギブ&ギブ」の姿勢で臨む

現場リーダーが身に付けるべきコミュニケーション術について、いろいろと述べてきたが、最後に、スキルアップのために絶対に欠かせない姿勢について、話しておきたい。

コミュニケーション力を高めるために忘れてはいけないのは、「ギブ&ギブ」の姿勢だ。「ギブ&テイク」ではない。決して相手から見返りを求めない姿勢こそ、上手なコミュニケーションの前提となるのである。

単に情報のやり取りだけにとどまるならば、相手から見返りを求めるのもいい。しかしそれでは、1章からここまで説明してきたコミュニケーション術のスキルアップは果たせない。

無償の取り組みと考えよ

私は仕事柄、全国各地で講演やセミナーの講師に招かれる。なかには何度も呼んでくださる主催者もいる。そうした主催者の一人であるAさんは、講演を終えた翌日に必ず電話をくれる。「昨日はお越しいただいてありがとうございました」。内容はそれだけの電話なのだが、私は毎回うれしく感じている。

こうした電話がなかったとしても、お呼びが掛かれば私は都合が合う範囲でどこにでも伺う。主催者という点ではAさんも他の方々も同じであるわけだが、Aさんから招かれると旧知の友との交わりに出向くような喜びを感じてしまう。人間とは、そうしたものではないだろうか。

初対面でも、名刺を交換して、後日改めてメールなどで丁寧なご挨拶を届けてくださる方もいる。先日、出会ったBさんは会合が終わって別れてから2時間後、私が帰路の新幹線の車中でメールをチェックしている際に、もう挨拶が届いていた。「この人とは、これからいいお付き合いができそうだな」と自然

に思ってしまう。

　知人との関係に例えると分かりやすい。一言で「知人」といっても、誰もが、付き合いの浅さ深さで相手をおのずと"ランク付け"しているものだ。顔や名前を知っていて話したことがある程度なら「知り合い」。もっと親しければ「友人」。心の内を打ち明け合うような仲なら「親友」。生涯を掛けてお互いを大切に思い合うような仲なら「無二の親友」。いろいろなランクがある。
　コミュニケーション術のスキルとは、言い換えれば、<u>相手との関係を単なる「知り合い」から「無二の親友」へとランクアップしていく能力</u>でもあるのだ。

　知人との関係をもう一度思い起こしてほしい。あなたに対して「ギブ＆テイク」の関係を求める相手と、あなたに常に「ギブ＆ギブ」の姿勢で接する相手とでは、どちらを好もしいと感じるだろうか。やはり後者だろう。

全ては「ギブ＆ギブ」の姿勢で臨む

× ギブ＆テイク　　○ ギブ＆ギブ

CHAPTER5

　相手に何かを求めるのはもうやめよう。ご機嫌伺いの電話やメールにすげなくされても、めげてはいけない。そうした「ギブ＆ギブ」の姿勢こそ、コミュニケーション術のスキルアップをはかるうえで最も大切であるとともに、あなたの人脈を地道に広げることにつながるのだ。

Profile 降籏達生（ふるはた・たつお）ハタコンサルタント（株）代表取締役

■1961年、兵庫県生まれ。小学生の時に映画「黒部の太陽」を観て、困難に負けずにトンネルを掘り進む男たちの姿に憧れる。83年に大阪大学工学部土木工学科を卒業後、熊谷組に入社。ダム工事、トンネル工事、橋梁工事など大型工事に参画。阪神淡路大震災時に故郷である神戸市の惨状を目の当たりにして一念発起。独立して技術コンサルタント業を始める。これまで手掛けた建設技術者向け研修の参加者は2014年3月時点で延べ約4万人、現場指導件数1000件超。自ら発行する建設業向けメールマガジン「がんばれ建設〜建設業業績アップの秘訣〜」は読者数1万2000人。ホームページは、http://www.hata-web.com

■取得資格は、技術士（総合技術監理部門、建設部門）、APEC Engineer（Civil、Structual）、労働安全コンサルタント。主な著書は「今すぐできる建設業の原価低減」（2008年、日経BP社）、「技術者の品格 其の一」（2009年、ハタ教育出版）、「現場代理人養成講座 施工で勝つ方法」（2010年、日経BP社）、「技術者の品格 其の二」（同、ハタ教育出版）、「建設業コスト管理の極意」（同、日刊建設通信新聞社、共著）、「受注に成功する！ 土木・建築の技術提案」（2012年、オーム社）など

その一言で現場が目覚める

2014年4月22日　初版 第1刷発行
2023年8月25日　初版 第5刷発行

著者	降籏達生
編者	日経コンストラクション
発行者	森重和春
発行	日経BP社
発売	日経BPマーケティング
	〒105-8308　東京都港区虎ノ門4-3-12
装丁・デザイン	浅田潤（asada design room）
本文イラスト	渋谷栄像
印刷・製本	図書印刷

©Tatsuo Furuhata, Nikkei Business Publications, Inc. 2014
Printed in Japan
ISBN978-4-8222-7484-9

本書の無断複写・複製（コピー等）は、著作権法上の特例を除き、禁じられています。
購入者以外の第三者によるデータ化および電子書籍化は、私的使用を含め一切認められておりません。
本書に関するお問い合わせ、ご連絡は下記にて承ります。
https://nkbp.jp/booksQA